ownCloud
セキュアストレージ構築ガイド

株式会社スタイルズ = 著

Stylez

セキュリティ要件を満たす
オープンソースのオンラインストレージ
導入から構築/運用まで徹底解説！

インプレス

- 本書は、インプレスが運営するWebメディア「Think IT」で、「ownCloudではじめるセキュアストレージ構築ガイド」として連載された技術解説記事に情報を大幅に追加して再編集したものです。
- 本書の内容は、執筆時点までの情報を基に執筆されています。紹介したWebサイトやアプリケーション、サービスは変更される可能性があります。
- 本書の内容によって生じる、直接または間接被害について、著者ならびに弊社では、一切の責任を負いかねます。
- 本書中の会社名、製品名、サービス名などは、一般に各社の登録商標、または商標です。なお、本書では©、®、TMは明記していません。

オープンソースオンラインストレージの世界へようこそ

　本書は、オープンソースオンラインストレージ ownCloud（オウンクラウド）を体系的に解説した日本語による初の書籍です。

　ownCloud はオープンソースオンラインストレージ、ファイル共有ソフトのリーディングカンパニーである ownCloud 社（ドイツ）が提供するオンラインストレージ構築パッケージです。2010 年より開発が始まり、2016 年 3 月に ownCloud 9.0.0 がリリースされました。2014 年には opensource.com の「2014 年オープンソースプロジェクト ベスト 10」に選出され、ownCloud の機能面等の優位性は、オープンソースの世界で広く認められています。

　オンラインストレージとは、インターネット経由のファイル共有サービスです。今までは、職場でのみ利用できたデータが自宅や出先等どこでもアクセス可能になり、また複数人でフォルダー単位の共有が可能なため、多くのユーザーによって利用されています。

　ownCloud は、専用サーバー上でオンライストレージ・ファイル共有・同期する環境が構築できるため、サービス型（ASP 型）のオンラインストレージのセキュリティ上の問題を懸念する大学・研究機関・民間企業などから支持されています。また、専用クライアントアプリも用意したマルチデバイス対応のため、Dropbox や Google Drive と同様な使い勝手のサービスを安全に使用したい！というユーザーに、その代替ソリューションとして世界中で導入されています。

　私たち（株式会社スタイルズ）は、日本唯一の ownCloud 公式代理店として、ownCloud の導入やカスタマイズ、運用時のテクニカルサポート、Enterprise Edition など正式ライセンスを提供してきました。同時にユーザーグループ（Japan ownCloud User Group JOUG）のフォーラムページの主催など、コミュニティ活動の支援をしてまいりました。

　その活動の中で、ownCloud に関する情報がまとまった形で日本語であれば、というご要望をたくさん頂き、今回このような書籍の執筆に至りました。本書は、「オープンソース技術の実践

オープンソースオンラインストレージの世界へようこそ

活用メディア Think IT（シンクイット）」上での Web 記事連載に、さらに情報を大幅に追加して、ownCloud のインストールなどの基本情報からチューニング・API 活用に至る応用編の知識までを、幅広く記載したものです。

　本書によって一人でも多くの方が ownCloud を理解し活用して、大学・研究機関・民間企業（もちろん個人も）での利用が広がっていけば執筆者一同、この上ない喜びです。また、今後もユーザーグループフォーラム等を通して、フィードバックを頂き、ownCloud に関する情報を日本において、さらに広めていければと願っています。

株式会社スタイルズ　代表取締役社長　梶原 稔尚

　Privacy and security were the key motiviators to start the ownCloud project. Enhanced with functionallity for modern Enterprise IT we deliver secure access to files worldwide and in Japan! As an end user you will like the frictionless and intuitive web user interface, the desktop sync clients or your mobile applications. With a decentralized approach to cloud and by connecting federated ownCloud instances branch offices can easily collaborate with each other.

　In this book a clear overview of ownCloud is provided, from single instance setups to scalable systems for the high-availability needs of your organization! Education, Research, Manufacturing, Finance are just a couple of the industries where a decentralized cloud with full functionallity and full privacy and security helps to increase productivity and reduce risk. When reading this book I hope you will follow this path for your own organization!

　Thanks to the authors, editors and to our partner Stylez for making this wonderful book possible!

　私たちがオープンソースプロジェクトとして ownCloud を開始した時のキーワードは、「プライバシー」と「セキュリティ」でした。ownCloud は、さらに機能をどんどん向上させ、世界中の（もちろん日本でも）モダンな企業に対して、ファイルへの安全なアクセスを提供しています。あなたが、企業システムのエンドユーザーならば、デスクトップの同期クライアントやモバイルアプリケーションの快適で直感的な操作性を気に入ってくれると思います。また、クラウドへの分散型アプローチでは、個々の ownCloud インスタンスを簡単に連携することも可能にしてくれます。

　本書では、ownCloud をシングル構成で構築する方法から、日本の企業が求めている可用性の

高いスケーラブルな構成を構築する概要が述べられています。そして、ownCloud を利用しようとする、教育、研究、製造、金融など、完璧な機能性とプライバシー、セキュリティを求めるさまざまな業界の方々にとって、生産性を向上し、リスクを軽減するのに役立てくれるはずです。本書籍を読み終わったときに、あなたの組織が、ファイル共有において、プライバシー、セキュリティの道を歩んでいくことを願っています。

　この素晴らしい書籍を出版するにあたり尽力をしてくれた、著者の皆様、編集の皆様、そして私たちのパートナーである株式会社スタイルズに感謝します。

　　　　　　Holger Dyroff　　Co-Founder and Managing Director, ownCloud GmbH

目 次

オープンソースオンラインストレージの世界へようこそ iii

第 I 部　概要編　　　　　　　　　　　　　　　　　　　　　　　　　1

第 1 章　セキュリティ要件を満たすオンラインストレージ 3
1.1　ICT の急速な変化に代表されるワークスタイルの変化 3
1.2　オンラインストレージとは 4
1.3　サービス型オンラインストレージの問題点 5
1.4　世界を震撼させた「スノーデン事件」 5
1.5　プライベートに構築できるオンラインストレージ「ownCloud」の登場 6
1.6　ownCloud の歴史 6
1.7　ownCloud がセキュリティに優れているわけ 8
1.8　ownCloud Enterprise ライセンスについて 9

第 2 章　他サービス比較や活用事例にみる選ばれる理由とは？ 11
2.1　サービス型オンラインストレージと比較したときの優位点 11
2.2　既存資産を活用できる ownCloud 12
2.3　GitHub でソースコードが開示されている 14
2.4　ownCloud のユースケース 17

第II部　環境構築編　21

第3章　導入はじめの一歩（仮想マシンイメージとCentOS 7のインストール手順）　23
- 3.1　構成の概要説明　23
- 3.2　インストール方法について　24
- 3.3　仮想マシンイメージを利用したインストール　25
- 3.4　CentOS 7にパッケージファイルでインストール　31

第4章　内部構造と設定方法　41
- 4.1　内部構造　41
- 4.2　ownCloudのアプリケーション　42
- 4.3　設定やデータの保存先　43

第5章　パフォーマンスチューニング　49
- 5.1　cron設定　50
- 5.2　DBトランザクション分離レベルの変更とPHPのDB（mysqli）接続設定　50
- 5.3　PHPキャッシュの導入（OPcache、APCu）　52
- 5.4　KVSの導入（Redis）　53
- 5.5　ApacheとPHP-FPMの設定　56
- 5.6　PHPのバージョンアップ　58
- 5.7　ownCloudのスケーラブルな構成　60

第III部　カスタマイズ編　61

第6章　カスタマイズ方法　63
- 6.1　ownCloudのカスタマイズについて　63
- 6.2　ownCloudのブランディング　63
- 6.3　ownCloudのアドオン開発　68

第7章　APIを利用した活用方法　73
- 7.1　ownCloudが提供するAPI　73

7.2	外部 API について	73
7.3	内部 API について	75
7.4	スタイルズの ownCloud サポートサービス	80

第 IV 部　運用管理編　81

第 8 章　アップデート方法と注意点　83
8.1	バージョンアップの注意点	84
8.2	バージョンアップの方法について	84

第 9 章　Microsoft Active Directory との連携　87
9.1	アプリの有効化	87
9.2	LDAP 設定画面	88
9.3	サーバー設定	89
9.4	ユーザー設定	90
9.5	ログイン属性	91
9.6	グループ設定	92
9.7	詳細設定	92
9.8	エキスパート設定	95
9.9	ユーザー管理画面	96

第 10 章　外部ストレージ接続　99
10.1	外部ストレージ接続での注意点	100
10.2	Amazon S3 との接続	101
10.3	S3 オブジェクトストレージへの接続設定	102
10.4	Windows ファイルサーバーへの接続設定	107

第 11 章　運用ノウハウ　115
11.1	権限管理について	115
11.2	ファイルシステム	119
11.3	WebDAV での ownCloud への接続	121

目次

付録 A　　LDAP 認証マニュアル（日本語訳） **123**

付録 B　　occ コマンド解説 **143**

あとがき 155

第Ⅰ部

概要編

第1章　セキュリティ要件を満たすオンラインストレージ

1.1　ICTの急速な変化に代表されるワークスタイルの変化

　近年、スマートフォンやタブレット端末、ソーシャルメディア、クラウド等による急速なICTの進化は、私たちのワークスタイルに変化をもたらすようになりました。その中でも特に今後予想されるのが、在宅勤務者や社外で働く社員によるスマートフォンやタブレット端末を利用したワークスタイルの増加です。

　事実、NTT コム リサーチ／NTT データ経営研究所が実施した育児と介護における希望の働き方に関するアンケートでは、「テレワーク[*1]制度等を利用して、場所や時間にとらわれずに、業務内容や業務量を変えない働き方がしたい」との希望を多くみることができました。

　ICTの進化によってワークスタイルへの意識が多様化するにあたり、検討されるのが情報伝達の在り方です。効率的に業務を行うには迅速にファイル共有を行う必要があります。加えて、社内文書の通達、請求書や勤務届の提出など、外部には公開せず特定ユーザーにだけファイル共有をする必要がでてきました。そのためのツールとして使われるようになったのがオンラインストレージです。

[*1]　テレワークとは、情報通信機器等を活用し時間や場所の制約を受けずに、柔軟に働くことができる勤労形態の一種です。

第 1 章　セキュリティ要件を満たすオンラインストレージ

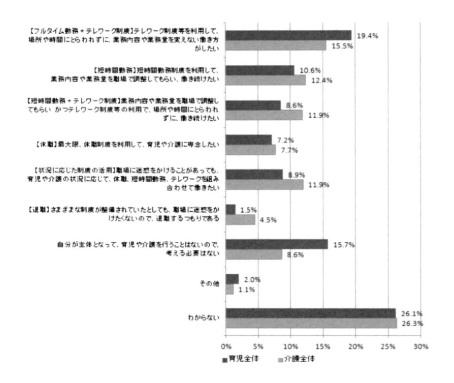

図 1.1　出典：NTT コム リサーチ／ NTT データ経営研究所「働き方に関する調査」育児・介護中の働き方（N=1,308）（2013 年、https://www.keieiken.co.jp/survey/goo/pdf/20131212.pdf）

1.2　オンラインストレージとは

　オンラインストレージとはサービス提供者が、ユーザーにファイルをアップロードするためのディスクスペースを貸し出し、インターネットを介してファイルを共有するための製品やサービスのことを指します。クラウドストレージと呼ばれることもあります。一般的に、ユーザー毎に個別アカウントとパスワードが与えられ、ユーザー毎のディレクトリが割り振られます。

　異なるユーザーのディレクトリには原則はアクセスできませんが、自分のディレクトリ内に作成されたファイルやフォルダーをユーザーの権限で他者に公開するような機能を持っており、他のユーザーと迅速なファイルの受け渡しに活用されています。

　さらに、ブラウザーよりも利便性の高いクライアントアプリケーションを用意しているオンラインストレージサービスもあります。ローカルの特定フォルダーと同期できるものも存在し、個人のみでなく、ビジネス用途としても多くの企業で導入されています。

1.3　サービス型オンラインストレージの問題点

　オンラインストレージサービスの多くは、インターネットから申し込みをするだけで簡単に利用開始できるため、近年のワークスタイルの変化に応じて、急速に広まりました。具体的には、DropboxやGoogleドライブといったサービスが挙げられます。しかしながら、オンラインストレージサービスには良いところだけでなく、注意しなくてはならない点もあります。

　先ほど「サービス提供者が、ユーザーに貸し出したサーバーマシンのディスクスペースに、ファイルをアップロードする」と述べたように、サービス型のオンラインストレージを利用する場合、基本的にはサービスベンダーが管理するサーバー内に自分のデータが保存されることになります。そのため、自分のデータがどこに設置されたサーバーに保存されているのか特定できない場合があります。そのうえ、サービスベンダーのセキュリティ事故や悪意のあるサービスベンダーによる情報漏えいのリスクが無いとも言えません。

　さらに、経済産業省の資料[*2]によると、他国のサーバーにファイルを保存していた場合、その国の法規制上の制約を受ける場合もあります。例えば、米国愛国者法（USAパトリオット法）では、捜査機関は金融機関やプロバイダーの同意を得れば、裁判所に許可を求めることなく操作を行うことができることと規定されています。そのため、政府機関の操作権限が大きく、他ユーザーが操作を受けることで、自社システム停止などの影響を受けるリスクがあります。

　また、日本e-文書法（民間事業者等が行う書面の保存等における情報通信の技術の利用に関する法律）に規定されるように、記録を外部のサーバーへ保管することに関しては必ずしもセキュリティを考慮されていないため、個別の法令によっては、データを政府の指定する環境下で保管しなくてはいけないという制約なども残っています。

1.4　世界を震撼させた「スノーデン事件」

　そうは言っても、「サービスベンダーが利用者の情報を漏えいするなんてことはありえないんじゃないの？」と思われる方もいるかもしれません。しかしながら、過去には世界中を恐怖に陥れた「スノーデン事件[*3]」というものがありました。

[*2]　出典：経済産業省「中小ITベンダが今後のクラウドビジネス等に対応したサービス供給力を強化するための教材コンテンツ　５．クラウドを活用する上で理解しておくべきこと（2012年、http://www.meti.go.jp/committee/sankoushin/jouhoukeizai/jinzai/002_02_03d.pdf）」
[*3]　出典：「スノーデン事件」って何？／米個人情報収集を暴露
　　　https://thepage.jp/detail/20130718-00010002-wordleaf

いわゆる「スノーデン事件」とは、米国家安全保障局（NSA）がテロ対策として極秘に大量の個人情報を収集していたことを、元NSA外部契約社員のエドワード・スノーデン容疑者が暴露した事件です。

　米中央情報局（CIA）の元職員でもあるスノーデン容疑者は、英米紙に対してNSAの情報収集活動を相次いで暴露しました。米通信会社から市民数百万人の通話記録を入手したり、インターネット企業のデータベースから電子メールや画像などの情報を集めていたりしたといいます。

1.5　プライベートに構築できるオンラインストレージ「ownCloud」の登場

　そのため、便利だから、安価だからといって、自社の重要なデータがどこに保管されているか分からないオンラインストレージサービスを安易に利用するには注意が必要です。また、現実問題として国外のデータセンターにデータを預けることを明確に規制している企業も少なくないのではないでしょうか。

　実はスノーデン事件が起こる3年前、2010年に上記のようなセキュリティ事故が起こることを予言していた人がいました。それこそがownCloudを開発したFrank Karlitschek氏です。同氏はアメリカのサンディエゴで開催されたCamp KDEというイベントで、「自分はファイルデータを外部に保存するということはしたくない。しかしながら、使い勝手の良いオンラインストレージは手放すことはできない。そのため自分自身がコントロールできる環境下で利用できるオープンソースのオンラインストレージが今後必要となる。だから、それを私が開発する！」と宣言したのです。これがプライベートクラウドでオンラインストレージを構築できるownCloudの始まりとなりました。

1.6　ownCloudの歴史

　そしてその二年後、ownCloud,Incが設立されました。ownCloudはより柔軟に、多くの人が利用できるようにオープンソースで開発されたのですが、それが功を奏し、ownCloud社が考えてもみなかったソリューションが世界中の開発者によりカスタマイズされました。また、多言語に翻訳されたことで、飛躍的に利便性やUI、特にセキュリティ面での機能が成長していきました。

1.6 ownCloud の歴史

図 1.2　ownCloud のログイン画面

　ownCloud の歴史については、ownCloud の History ページ[*4]や ownCloud の創始者である Frank Karlitschek 氏ご自身が書かれた LiNUX.COM 記事[*5]に、今までの経緯や ownCloud の原点について詳しく触れられていますので、ご興味のある方は読んでみてください。

---

ownCloud コラム

ownCloud の創始者 Frank Karlitschek 氏ですが、2016 年 4 月に ownCloud を退社することになり、2016 年 6 月 2 日には新プロジェクト「Nextcloud」の立ち上げを発表しました。ownCloud との互換性や ownCloud 利用者向けのサポート付エディションの用意も計画されているということなので、引き続き ownCloud.jp（株式会社スタイルズが運営する ownCloud 専用 HP）では「Nextcloud」の動向にも注目していきたいと思います。

[*4] https://owncloud.org/history/
[*5] https://jp.linux.com/news/linuxcom-exclusive/418653-lco20140704

1.7　ownCloudがセキュリティに優れているわけ

　上記で述べてきたように、ownCloudの原点はサービス型のオンラインストレージでは提供できないセキュリティを重視したパッケージです。では具体的に、どのような点がサービス型オンラインストレージと異なるのかownCloudの特徴を列挙してみましょう。

自分の指定する環境下で構築できる

　自分でサーバーを購入し、OSやミドルウェア、データベースをインストールする必要はありますが、ownCloudを利用すればオンプレミスであっても、社外に公開されていないネットワークの中でも（ただ、これはownCloudの魅力が半減されますが）、構築することが可能です。

通信の暗号化

　ownCloudに接続するには、ブラウザー、API、WebDAVを利用するにあたり、SSL通信を必要とします。

ファイルの暗号化

　ownCloudを経由してアップロードされたコンテンツは、ownCloudユーザーがログイン時に生成するプライベートキーでファイルを暗号化する機能がついています。これにより、万が一ownCloudが設定しているストレージ領域に直接の不正アクセスがあった場合でも、ファイルは暗号化して保存されているため、情報の解読ができないという、セキュリティ対策をとることが可能になります。

　もちろん、一時的なファイルやフォルダーの共有時には共有用キーが生成されるため、共有されたユーザーはファイルを閲覧、編集、ダウンロードが可能になります。

Active Directory連携

　企業がすでに設定しているActive DirectoryをownCloudのログインIDとパスワードとして利用することが可能です。例えば、定期的にActive Directoryのパスワードを更新する運用などをしていても、ownCloudに自動で反映されるため、二重管理や予期せぬユーザーIDが作成されることを防ぐことができます。

SAML/Shibboleth認証

　SAMLとは、ユーザーの認証や属性、認可に関する情報を記述するマークアップ言語のこと

です。

　SAML 認証が使えると何が良いかというと、認証サーバーを別途用意する必要はありますが、Web サイトや Web サービスの間でこれらの情報を交換することで、一度の認証で複数のサービスが利用できるシングルサインオン（SSO：Single Sign-On）を実現できるようになります。企業が設定した認証方式で、ownCloud を利用できるため、セキュリティの強化に加え、利便性も向上できます。

ファイアウオール

　ファイアウオールを設定することで、ownCloud を利用できるデバイスや時間、IP など、グループ毎に細かく設定できます。アプリケーションレベルで制御できるのも特徴です。

　参照：File Firewall (Enterprise only)[6]

1.8　ownCloud Enterprise ライセンスについて

　ここまで読んで、ownCloud はオープンソースしかないの？と思われた方も多いと思います。実は民間企業や大学などの大規模ユーザー向けの機能を搭載した Enterprise ライセンスのパッケージも用意されています。

　具体的な機能比較は ownCloud.jp をご覧いただければと思いますが、先ほど記載した認証機能やファイアウオール機能は Enterprise ライセンスのみの機能です。

　オープンソースパッケージの ownCloud は、あくまでも Enterprise ライセンスパッケージの一部を公開したものになります。さらにオープンソースパッケージを利用する場合は、AGPLv3 ライセンスが適用されますので、何らかのカスタマイズを行った場合はそのソースコードを利用者に開示する義務が発生します。一方で Enterprise ライセンスの場合、ownCloud が独自に開発したソースコードという前提のため、カスタマイズを行う場合でも開示義務は発生しません。このように、利用用途や企業のコンプライアンスに合わせて、オープンソースパッケージもしくは、Enterprise ライセンスパッケージを選択することが可能となっています。

　参照：Enterprise ライセンスの詳細は ownCloud.jp の Enterprise ライセンスのページ[7]をご覧ください。

---

[6] https://doc.owncloud.org/server/9.0/admin_manual/enterprise_firewall/file_firewall.html
[7] http://owncloud.jp/solutions/enterprise

第2章 他サービス比較や活用事例にみる選ばれる理由とは？

2.1 サービス型オンラインストレージと比較したときの優位点

　サービス型オンラインストレージと比べ、ownCloud はセキュリティ面でも優れているのですが、機能面やコスト面、運用/管理面でもメリットがあります。

　サービス型オンラインストレージを利用する場合の注意点としては、サービスベンダーの規定に左右されるという言葉に尽きます。これはセキュリティに関わる話にもなるのですが、データの保管場所はベンダーが規定する領域に保管される、ファイルのアップロードサイズが制限されている、ユーザー毎に使えるファイル容量が制限されている、さらには予告なくサービスが終了になる、機能が変わるなど、自社の大切な情報資産にも関わらず、自社のデータの取り扱いをコントロールできない、という可能性が少なからず顕在化しています。

　例えば、ownCloud と比較されることの多い Box というサービス型オンラインストレージの場合、BUSINESS プランであっても、ファイルの最大アップロードサイズが 5GB まで、共有リンク経由でファイルをアップロードできないなどの機能制限があります。

　さらに、既存のファイルサーバーと連携ができないため、共有したいファイルは必ず Box にアップロードする作業が発生します。これは、社内ファイルサーバーとの二重管理になり、利用者の負担やファイル管理が乱雑になることが想定されます。

　さらには、サービス型オンラインストレージの場合は、1人あたり毎月の課金となるため少人数で利用する場合は良いかもしれませんが、企業レベルの大人数で利用する場合は、毎月の負担金額がかなり大きくなります。

	機能名	Box(BUSINESS)	Dropbox Business	ownCloud Enterprise	ownCloud Community	備考
機能	アップロード・ダウンロード	○	○	○	○	
	共有機能	○	○	○	○	
	共有時の権限付与	○	○	○	○	
	共有リンク機能	○	○	○	○	
	共有リンク時のパスワード保護	○	○	○	○	
	共有リンク時の期限設定	○	○	○	○	
	共有リンク時のアップロード権限付与	×	×	○	○	
	最大アップロードサイズ	5GB	10GB	無制限	無制限	
	オンライン編集	○	○	○	△	Communityの場合、テキスト、Wordは可 Excel、PowerPointは不可
	Office365連携	○	○	○	×	
	同期機能	Windows/Mac	Windows/Mac	Windows/Mac/Linux	Windows/Mac/Linux	
	世代管理	○	○	○	○	
	ゴミ箱機能	○	○	○	○	
	検索	フォルダ・ファイル名	フォルダ・ファイル名	フォルダ・ファイル名	フォルダ・ファイル名	
	ビューア機能	○	○	○	○	PDF、画像データ、テキスト、Wordは可能 Excel、PowerPoint等は不可
	タグ機能	○	×	○	○	
	コメント機能	○	○	○	○	
	モバイルアプリ	Android/iOS	Android/iOS	Android/iOS	Android/iOS	
管理・セキュリティ	通信暗号化(SSL)	○	○	○	○	
	暗号化機能	256ビットAES	256ビットAES	256ビットAES	256ビットAES	
	ユーザ管理	○	○	○	○	
	グループ作成	○	○	○	○	
	アクティビティ	○	○	○	○	
	監査ログ	○	○	○	△	OSS版はスタイルズ開発プラグイン
	ActiveDirectory連携	○	○	○	○	
	シングルサインオン	○	○	○	△	Enterprise版でSAML対応 OSS版はカスタマイズが必要
	外部ストレージ連携	×	×	○	○	
	ブランディング	×	×	○	○	
	API提供	○	○	○	○	
	ファイル保管場所	クラウド	クラウド	自社で管理するサーバ	自社で管理するサーバ	
	ユーザ毎のストレージ容量	無制限	1TB	無制限	無制限	クォータ設定が可能

図 2.1　図: オンラインストレージサービス比較表（2016 年 7 月　株式会社スタイルズ調べ）

2.2　既存資産を活用できるownCloud

　自社環境内に構築できるセキュリティ面での優位点と同じくらい、既存資産と連携できるという点も ownCloud の優位点となります。

一般的な LAMP 環境で稼働

　ownCloud のシステム要件は、Linux 系 OS、MySQL、Apache Server 等のミドルウェア、ローカルストレージです。

　企業がすでに持っている仮想サーバーの空リソース内に ownCloud を導入できるため、新たなハードウェアやシステム環境の調達は必要ありません。もちろん、企業によっては自社管理下にあるクラウドサーバーやレンタルサーバーにも構築できますし、ownCloud を提供する人数によっては物理サーバーにも構築し、自社がオンラインストレージサービスを提供することもできます。

既存ファイルサーバーにファイル共有機能を拡充

　ownCloud には外部ストレージ連携という、既存のファイルサーバーと ownCloud を連携できる機能が付いています。

2.2　既存資産を活用できるownCloud

　設定方法などの詳細は本章では省きますが、この機能を使うとownCloudを経由して、他のファイルサーバー領域に接続できるようになります。

図2.2　外部ストレージ連携設定画面

　既存の社内サーバーと連携しておけば、プロジェクト毎のルールとして、ファイルを保存するディレクトリが決まっているような場合でも、ownCloudを経由して社外からでもそのディレクトリを閲覧やアップロードができます。さらに、必要があればプロジェクトに関わっている社員以外のパートナーから直接指定のディレクトリにファイルを配置してもらうことも可能です。

　もちろん、専用ツールなどは必要なく、ownCloudのUI上、つまりブラウザーやモバイルアプリ経由で利用可能となります。

　プロトコルとしても、SMB/CIFSやFTP、WebDAV、さらにはAmazon S3やDropbox、Googleドライブとも接続できるので、部署ごとに設置されたファイルサーバーを統合するツールとしてもownCloudは活用できます。

　また、スタイルズでは、上記以外のストレージのプロトコルにもカスタマイズで対応しています。例えば、IBMのSoftLayerのObject StorageやNetAppのStorageGRID Webscale、GMOのConoHa Object Storageなどともカスタマイズの結果、連携ができるようになりました。

　参照：ownCloudで実現するセキュアな無制限ストレージ on Softlayer[*1]

[*1]　https://thinkit.co.jp/story/2015/04/27/5755

図 2.3　SoftLayer の Object Storage との連携イメージ

LDAP/Active Directory 連携

　また、既存の Active Directory とも連携可能です。そのため、ユーザーを二重管理する必要はなく、既存の ID ／パスワードで ownCloud にログインすることが可能です。さらに、既存ファイルサーバーと連携を行えば、すでに割り当てられているファイルサーバーのアクセス権が適用されますので、権限に準じたフォルダーアクセスも実現できます。

---

ownCloud コラム

　近年ではマイクロサービス・アーキテクチャな Web システムが普及しており、そのようなシステムと連携するためにシングルサインオン（SSO：Single Sign-On）のニーズが高まっています。ownCloud は認証機能をカスタマイズするインターフェースが存在するため、上記のような認証連携をカスタマイズにて実現することが可能です。また、Enterprise ライセンスには SAML/Shibboleth 認証機能がデフォルトで利用可能であるため、既存の認証基盤が SAML に対応していれば、簡単にシングルサインオンを実現することが可能です。

2.3　GitHub でソースコードが開示されている

　サービス型オンラインストレージと絶対的に異なるのは、ソースコードが開示されている点です。不具合があったときに自社で修正できますし、セキュリティリスクを軽減するために、不要な項目を非表示にすることもできます。

　さらには必要な機能を自社で開発することも比較的に容易に行うことが可能です。

公開されている ownCloud の GitHub はこちら[*2]です。

スタイルズでアドオンを開発した事例としては例えば下記のようなものがあります。

監査ログ

オープンソースパッケージでは提供されていない、ユーザーの操作監査ログを収集するアドオンです。本アドオンをインストールすることで、日付、IPアドレス、ユーザー、動作、ファイルパス名などをログでファイルに保存します。

動作についても、ログイン／ログアウト、アップロード／ダウンロード、共有、削除など、一通りの動作を日別に保存するようになっています。

図 2.4　監査ログアドオンの概要

ユーザー一括登録

ownCloud の標準機能では、GUI でアカウントを作成する際、管理者であっても 1 アカウントずつ追加しなければなりません。そこで、管理者画面から、登録したい ID、パスワード、表示名、クオータ、所属グループの情報をカンマ区切りで入力することで、一括で登録できるアドオンを開発しました。

あらかじめ CSV で登録情報を作成しておけば、テキスト情報をコピーアンドペーストするだけで簡単に登録できます。

ワークフロー

外部アプリケーション (CMS) にアップロードされたファイルの承認・非承認・履歴管理を行うアドオンです。CMS と ownCloud 上にあるファイルを連携させることで、オンラインストレージによる CMS 上のファイル管理を実現しました。

[*2]　https://github.com/owncloud

第 2 章　他サービス比較や活用事例にみる選ばれる理由とは？

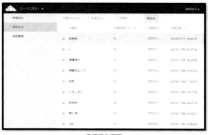 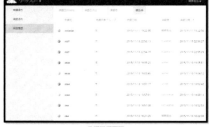

　　　　　　承認待ち画面　　　　　　　　　　　　　承認履歴画面

図 2.5　ワークフローアドオン画面

全文検索

　日本語に対応した全文検索機能です。全文検索ですので、ファイルの中身からキーワードを検出します。対象ファイルも、Word、Excel、PowerPoint、PDF、テキストなど、多数のファイル形式で検索可能です。全文検索する際には、期間指定やファイル・ディレクトリ指定など条件を設定できるようになっています。非常に人気も高いアドオンの一つです。

　なお、全文検索するためにテキスト情報をすべて DB で収集するアーキテクチャになっています。そのため、アドオンを使う際にはインデックスの保存容量を確保できる DB のサイジングが必要となってきます。

図 2.6　全文検索アドオンの概要

　このほかにも ownCloud は世界中の開発者たちがコミュニティ上でアドオンを開発したり、ソースコードの改修を日々行っています。

　ownCloud のアドオンについては、apps.ownCloud.com[3]で検索してみると、欲しかった機能が見つかることもあります。これこそがオープンソースの良いところですね。

---

[3]　https://apps.owncloud.com/

2.4 ownCloudのユースケース

　それでは具体的にownCloudを利用しているユーザーはどのような会社でしょうか。また、ownCloudをどのように利用しているのでしょうか。代表的なユースケースを紹介していきます。

民間企業ユースケース１：モバイル端末から社内ファイルサーバーに直接アクセス

　会社概要：エネルギーシステムや鋼製構造物などの設計・建設を行っている、大手製造業のグループ会社

利用者数：4,000名

　こちらの製造業の会社では、製造現場をモバイル端末で撮影し、画像ファイルで報告するという業務がありました。今まで社内に報告するためには、画像ファイルを一度外部メモリに保存しなくてはならず、作業者の負担となっていたそうです。

　しかしながら、ownCloudを導入したことにより、モバイル端末で撮影した画像をすぐさま社内ファイルサーバーの特定ディレクトリにアップロードすることが可能になりました。

　これにより、作業効率の改善や外部メモリの紛失するセキュリティリスクを低減させることに貢献しています。

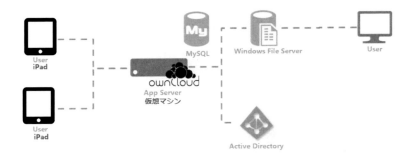

図2.7　構成イメージ図

民間企業ユースケース２：既存のファイルサーバーとの連携により情報共有の効率性を強化

　会社概要：国内最大級のインターネットプロバイダー

ネットワークを利用した情報通信サービスを提供ownCloudを社内の既存ファイルサーバーとセキュアに連携させることで、既存ファイルサーバーに保管している情報資産をそのまま外部にいるパートナー会社にも共有可能になりました。

これは管理者にとっても、内部の利用者にとってもこれまでと変わらないファイル階層のまま操作が行えるため、管理コストの低減に貢献したそうです。

さらに、不要な項目を非表示にし、指定したストレージのみ連携可能とするカスタマイズを行ったことで、ユーザーが意図しないサーバーへの接続をしないようにするなど利用制限を行っています。

民間企業ユースケース3：メール添付の代替ソリューションとして活用

会社概要：業界大手のスポーツクラブの会社
一般会員以外にも、約400もの法人会員が利用

同社は、法人会員向けに毎月請求書を発行しメールで通知する作業があり、社内のオンプレミス環境にある請求書発行システムと連動し、メール添付の代わりにセキュアにファイル送受信ができるシステムを探していたそうです。

ownCloudの利用方法としては、法人会員にはあらかじめアカウントを作成しておき、毎月決められた日に請求書を発行、アカウントの特定ディレクトリに請求書を配置します。請求書が配置されたタイミングで法人会員様には、ownCloudのアクティビティ機能を使って自動的にメール通知をしています。これにより、毎月の請求業務の簡素化およびセキュリティリスクの低減ができています。

このメール添付の代替ソリューションは、請求書以外、例えば販売店舗からの売上報告資料提出など、同じような方法でownCloudをご活用いただけるのでは、筆者は考えています。

大学でのユースケース：セキュアで効率的なファイル共有プラットフォームとして活用

学校概要：国立の大学院大学。先端科学技術分野の研究と、それを背景とする大学院教育を行っている
利用人数：1,200人

ownCloudはLDAP連携機能が拡張しやすく、サーチフィルターも一般的な記載が行えるので、一部ユーザーだけownCloudと連携させるなど、管理コストがかからない形で連携を行うことが可能です。さらに、同大学では職員だけでなく、教員、学生、連携している民間企業な

ど多種多様なクライアント端末を使ったアクセスがあるため、Windows、Mac、モバイル端末、WebDAV とマルチデバイスでシームレスにアクセスできるファイル共有プラットフォームとして活用できる点が導入決め手となりました。また、ownCloud の表示言語をユーザー側で自由に変更できる点や、論文回収用に不特定ユーザーからファイルアップロードを可能にするなどオープンソースならではの拡張性も評価いただいています。

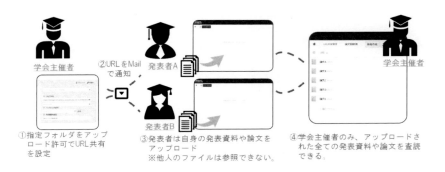

図 2.8　ownCloud を利用した論文回収の流れ

　以上のように、ユースケースを見ても、自社の管理下でシステム構築可能な点、既存資産を有効活用できる点、容易にカスタマイズ可能な点、さらにはマルチデバイスでのアクセス可能な点が ownCloud の魅力といえそうです。

　第 1 章でも紹介したように、社外にいても働くことができるようなワークスタイルの変化が今後加速するであろう昨今では、企業毎の規定に沿った形にカスタマイズを行え、社内や社外問わずシームレスな情報共有を可能にしてくれることが、ownCloud が選ばれる理由と言えるでしょう。

第 II 部

環境構築編

第3章 導入はじめの一歩（仮想マシンイメージとCentOS 7のインストール手順）

3.1 構成の概要説明

本章では ownCloud がどういうミドルウェアの組み合わせで動いているかを説明します。ownCloud は以下のような組み合わせで動作しています。

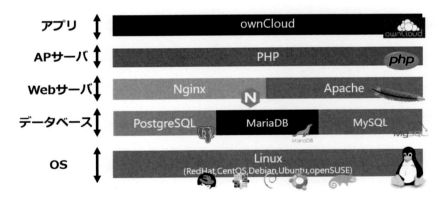

図 3.1 ownCloud 動作ミドルウェア

これは一般的に LAMP 構成や LEMP 構成と呼ばれるもので、

- Linux
- Apache（もしくは、Nginx）
- MySQL（もしくは、MariaDB）

- PHP

を構成要素としています。

ownCloud は PHP が動く環境であれば、Linux のほとんどのディストリビューションで動作します。今回は仮想マシンイメージと日本でよく利用されている CentOS 7 の 2 パターンのインストール方法を説明していきます。ownCloud のバージョンは、2016 年 3 月にリリースされた 9.0 系を使用します。

3.2 インストール方法について

インストール方法はいくつかあり、ownCloud 社のサイトに以下のように示されています。Getting Started with ownCloud | ownCloud.org[*1]

インストール方法の種類

1. tar.gz の展開によるインストール
   tar.gz でまとめられた ownCloud のソースコードを展開して設定するものです。細かなミドルウェアを自分で設定する必要があります。
2. web インストーラー
   シェルスクリプトで作成されたインストールツールを使うものです。主に Web ホスティングサーバーで使用します。
3. Linux ディストリビューション向けのパッケージファイル
   Linux ディストリビューション向けの ownCloud をパッケージングしたファイルで、ある程度自動的に設定してくれるものです。
4. 仮想マシンイメージ
   仮想環境で動くもので OS その他が全部入っています。ownCloud がセットアップされた状態で起動できますので最小限の手間で ownCloud を動かすことができます。

簡単に利用するであれば 4 の仮想マシンイメージが一番でしょう。しかし、仮想環境を用意する必要があります。また、利用中に Disk 領域が足りなくなった、スケールアウトしたいなど必要が生じた場合の対応が難しくなります。通常は、3 のパッケージファイルを利用するのが一番よいでしょう。

[*1] https://owncloud.org/install/#instructions-server

3.3　仮想マシンイメージを利用したインストール

仮想マシンイメージは、以下の種類が用意されています。

- OVA
- QCOW2
- raw
- VHDX
- VMDK
- VMX

ご利用の仮想環境に応じたファイルをダウンロードしてください。これらの仮想マシンイメージは、OS が Ubuntu 14.04 LTS に設定されています。

では実際に仮想マシンイメージで ownCloud を動かしてみます。上記の OVA ファイルを使い VirtualBox で起動させます。

OVA ファイルのダウンロード

```
$ wget
http://download.owncloud.org/community/production/vm/Ubuntu_14.04-owncloud-9.0.2-1
.1-201605101540.ova.zip
```

（上記の URL は 2016 年 6 月時点での URL です。将来変更がある可能性があります。前述の URL を確認して最新の OVA ファイルをダウンロードするようにしてください。）

ダウンロードした zip ファイルを展開する。

```
$ unzip Ubuntu_14.04-owncloud-9.0.2-1.1-201605101540.ova.zip
```

展開された Ubuntu_14.04-owncloud-9.0.2-1.1-201605101540.ova を VirtualBox で新規仮想マシンとして読みませて起動します。

起動した仮想マシンの IP アドレスを以降「<private ipaddress>」と記載します。実際に設定されている IP アドレスに読み替えてください。

VirtualBox のネットワーク設定については、紙面の都合上省略しています。以下のサイトなどをご参照ください。

ネットワーク設定 | VirtualBox Mania[2]

---

[2]　http://vboxmania.net/content/%E3%83%8D%E3%83%83%E3%83%88%E3%83%AF%E3%83%BC%E3%82%AF%E8%A8%AD%E5%AE%9A

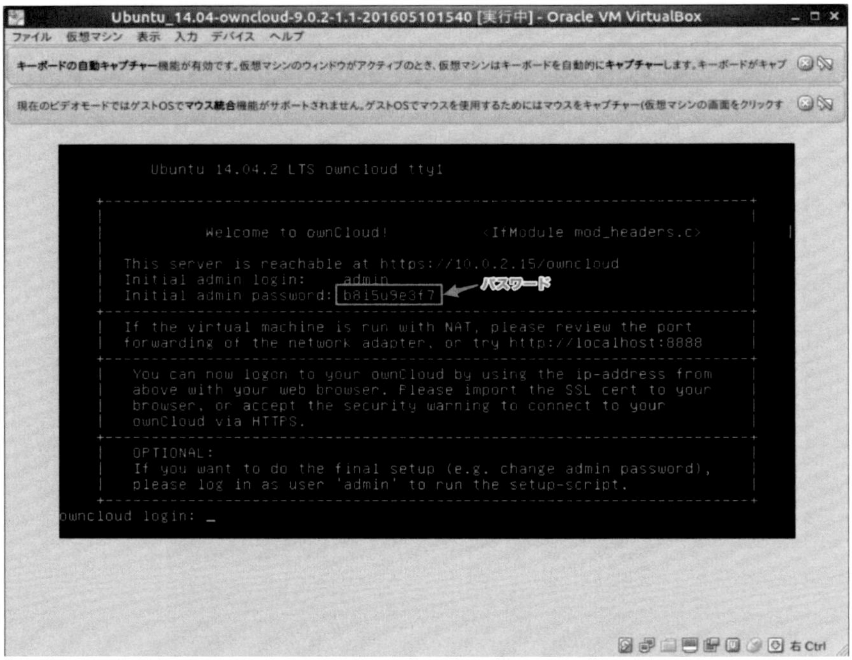

第 3 章　導入はじめの一歩（仮想マシンイメージと CentOS 7 のインストール手順）

図 3.2　起動後の画面

　ネットワークの設定を「ブリッジアダプター」に変更し、DHCP サーバーが動いている環境であれば自動的に IP アドレスが設定されます。

　しかし、上記では一つ問題があります。ownCloud には接続 URL のドメインを制限する機能があり、このドメインを制限する機能により以下の URL を入力してもうまく表示されません。

http://<private ipaddress>/owncloud/

　これを解消するには、以下のファイルの編集が必要です。

/var/www/html/owncloud/config/config.php

　そのためには、図 3.2 でコンソールからログインして作業します。

　まず、owncloud login: に admin と入力し、画面上部の Initial admin password に表示されているパスワードを入力します。

　パスワードを入力してしばらくするとキーボード設定が始まります。

　ここでキーボードレイアウトを変更します。スペースを押してください。

　次に「Configuration keyboard-configuration」の「Keyboard model:」で「Generic 105-key (Intl) PC」を選択してエンターを押します。

3.3 仮想マシンイメージを利用したインストール

図 3.3 ブラウザー表示

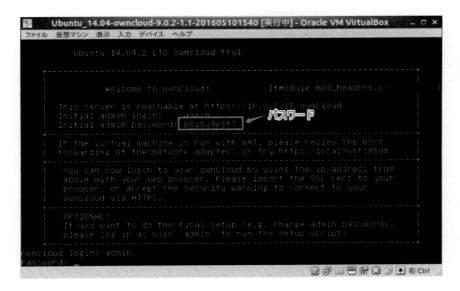

図 3.4 起動画面ログイン

次に「Country of origin for the keyboard」で「Japanese」を選択してエンターを押します。
次に「Keyboard layout:」で「Japanese」を選択してエンター押します。
次に「Key to function as AltGr:」で「The Default for the keyboard layout」を選択してエンターを押します。
次に「Compose key:」で「No compose key」を選択してエンターを押します。

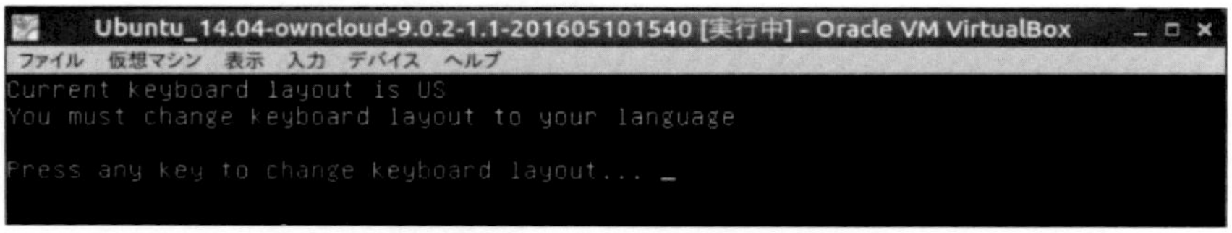

第 3 章　導入はじめの一歩（仮想マシンイメージと CentOS 7 のインストール手順）

図 3.5　キーボードレイアウト設定開始

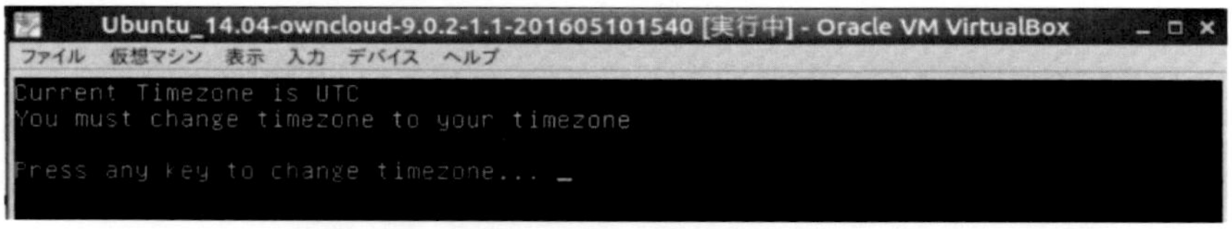

図 3.6　タイムゾーン設定開始

キーボード設定が終わったらタイムゾーンを変更します。スペースを押します。
「Geographic area:」で「Asia」を選択してエンターを押します。
「Time zone:」で「Tokyo」を選択してエンターを押します。
次に Ubuntu OS 上の admin ユーザーにパスワードを設定します。

図 3.7　admin パスワード設定開始

「Enter your new password for admin here:」に"新しい任意のパスワード"を入力してください。パスワードを入力すると

```
Your new password is:XXXXXX
Is this correct? ([y]es or [N]o):
```

と表示されるので、「y」と入力してエンターを押してください。次回からは上記のパスワードでログインします。忘れないように記録しておいてください。

以下のコマンドプロンプトが出力されればログイン完了です。2 回目以降のコンソールへのログイン時には、上記を設定する必要はありません。ctrl+c でスクリプトをキャンセルしてください。すぐに以下のコンソールが利用可能です。

3.3 仮想マシンイメージを利用したインストール

```
admin@owncloud:~$
```

好きなエディターでconfig.phpファイルを編集して、起動した仮想サーバーに紐付いているIPアドレスを追記します。

```
$ sudo vi /var/www/html/owncloud/config/config.php
```

以下のような記述がある箇所があります。

```
      'trusted_domains' =>
 array (
   0 => 'localhost',
 ),
```

以下のように1行追加します。

```
      'trusted_domains' =>
 array (
   0 => 'localhost',
   1 => '<private ipaddress>',
 ),
```

Apacheサーバーを再起動します。

```
$ sudo service apache2 restart
```

再度ブラウザーUIから以下のURLを開いて

https://<private ipaddress>/owncloud/

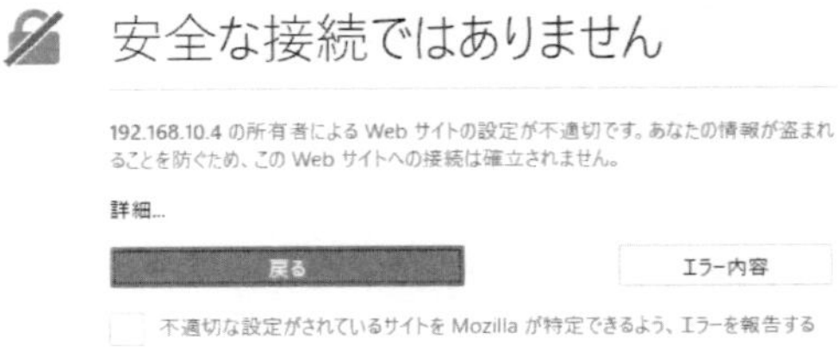

図 3.8 SSL エラー

第 3 章　導入はじめの一歩（仮想マシンイメージと CentOS 7 のインストール手順）

という画面が出たらもう少しです。これはまだ SSL 証明書を設定していないのでエラーが表示されています。「詳細...」を押して「例外を追加」を押してください。ダイアログが出ますので、「セキュリティ例外を承認」ボタンを押してください。

SSL 証明書を追加できたら、以下の画面が表示されると思います。

図 3.9　ログイン画面

admin とコンソールログイン時のパスワードを入力して ownCloud にログインしてください。以下の画面が表示されればセットアップできています。

図 3.10　初期画面

この画面は右上の「×」を押して操作を続けられます。右上の「admin」から管理画面を表示します。いくつか警告が出ているようです。続いてこちらを対応します。

図 3.11　管理画面警告画面

APCu が古い事によるアラートは以下のように対応します。

```
$ sudo apt install -t trusty-backports php5-apcu
```

インストール終了後、Apache を再起動します。

```
$ sudo service apache2 restart
```

管理画面をリロードしてください。アラートが消えたでしょうか。

仮想マシンイメージを使ったインストールはここまでとします。もう一つのアラート「メモリーキャッシュが設定されていません」については、パフォーマンスチューニングの項で説明したいと思います。

3.4　CentOS 7 にパッケージファイルでインストール

次にインストール方法 3 で取り上げたパッケージファイルを使って CentOS 7.2 に ownCloud をインストールしてみます。CentOS 7 を使う場合に問題点が 1 つあります。それはデフォルトで用意されている PHP のパッケージのバージョンが 5.4.16 と古いことです (セキュリティパッチなどは RedHat 社がバックポートしていますが基本性能はそのままです。PHP5.4 はパフォーマンスが劣るのでお勧めしません)。今回はデフォルトの PHP パッケージファイルで設定して、パフォーマンスチューニングでバージョンアップすることにしましょう。

ownCloud の各ディストリビューション向けのファイルは以下の URL から見つけることができます。

https://download.owncloud.org/download/repositories/stable/owncloud/

それぞれのディストリビューションにあったパッケージ管理ツールを使用してownCloudをインストールできます。

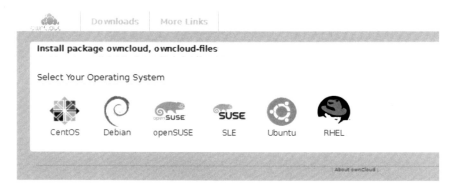

図 3.12　OS 選択画面

CentOS へのインストールですので、CentOS のロゴをクリックします。すると、インストール方法が下に表示されます。CentOS 6 の設定方法もありますので間違えないよう注意してください。

SSH などでコンソールにログインして以下の作業を行います。root 権限で行ってください。

1. ownCloud パッケージの鍵情報をインポートします。

```
# rpm --import
https://download.owncloud.org/download/repositories/stable/CentOS_7/repodata/repomd
.xml.key
```

2. レポジトリファイルをダウンロードします。

```
# wget
http://download.owncloud.org/download/repositories/stable/CentOS_7/ce:stable.repo -O
/etc/yum.repos.d/ce:stable.repo
```

（wget コマンドがインストールされていない場合は、# yum -y install wget でインストールしてください）

3. キャッシュをクリアします。

```
# yum clean expire-cache
```

4. ownCloud をインストールします。

```
# yum -y install owncloud mod_ssl
```

以上でownCloudはインストールされましたが、データベースの準備ができていません。CentOS 7は、MySQLではなくMariaDBが標準になっています。MariaDBをインストールします。

5. MariaDBをインストールします。

```
# yum -y install mariadb-server
```

6. データベースの文字コードをutf-8に変更します。

```
# vi /etc/my.conf
[mysqld]
datadir=/var/lib/mysql
socket=/var/lib/mysql/mysql.sock
character-set-server=utf8
```

7. systemctlコマンドでMariaDBを有効にしてMariaDBを起動します。

```
# systemctl enable mariadb.service
# systemctl start mariadb.service
```

8. MariaDBを初期設定します。初期設定は、初期セットアップコマンドで対話的に設定します。途中、MariaDB用のrootパスワードを設定します。ここでは新しい任意のパスワードを入力してください。ownCloudで利用する管理者のパスワードとは違うパスワードにしましょう。このパスワードは後ほど利用します。忘れないように記録しておいてください。それ以外についてはエンターを押してください。

```
# mysql_secure_installation
/usr/bin/mysql_secure_installation: 行 379: find_mysql_client: コマンドが見つかりません

NOTE: RUNNING ALL PARTS OF THIS SCRIPT IS RECOMMENDED FOR ALL MariaDB
      SERVERS IN PRODUCTION USE!  PLEASE READ EACH STEP CAREFULLY!

In order to log into MariaDB to secure it, we'll need the current
password for the root user.  If you've just installed MariaDB, and
you haven't set the root password yet, the password will be blank,
so you should just press enter here.

Enter current password for root (enter for none):[エンター]/
OK, successfully used password, moving on...

Setting the root password ensures that nobody can log into the MariaDB
root user without the proper authorisation.

Set root password? [Y/n] [エンター]/
New password: [ルートパスワードを入力]/
```

```
Re-enter new password: [ルートパスワードを入力]/
Password updated successfully!
Reloading privilege tables..
 ... Success!


By default, a MariaDB installation has an anonymous user, allowing anyone
to log into MariaDB without having to have a user account created for
them.  This is intended only for testing, and to make the installation
go a bit smoother.  You should remove them before moving into a
production environment.

Remove anonymous users? [Y/n] [エンター]/
 ... Success!

Normally, root should only be allowed to connect from 'localhost'.  This
ensures that someone cannot guess at the root password from the network.

Disallow root login remotely? [Y/n] [エンター]/
 ... Success!

By default, MariaDB comes with a database named 'test' that anyone can
access.  This is also intended only for testing, and should be removed
before moving into a production environment.

Remove test database and access to it? [Y/n] [エンター]/
 - Dropping test database...
 ... Success!
 - Removing privileges on test database...
 ... Success!

Reloading the privilege tables will ensure that all changes made so far
will take effect immediately.

Reload privilege tables now? [Y/n] [エンター]/
 ... Success!

Cleaning up...

All done!  If you've completed all of the above steps, your MariaDB
installation should now be secure.

Thanks for using MariaDB!
```

9. ファイアウォールを設定します。80番ポートと443番ポートを開ければいいので以下のように設定します。

```
# firewall-cmd --permanent --zone=public --add-service=http
# firewall-cmd --permanent --zone=public --add-service=https
# firewall-cmd --reload
```

10. SELinuxをいったん無効にします。

```
# setenforce Permissive
```

11. Apache サーバーを有効にして起動します。

```
# systemctl enable httpd.service
# systemctl start httpd.service
```

上記まで終了したら、ブラウザーからサーバーの IP アドレスを開きます。

https://<private ipaddress>/owncloud/

SSL 証明書のエラーが出たら、仮想マシンイメージの時と同じように例外の追加を実施します。

以下のような画面が表示されると思います。

図 3.13 ownCloud 初期セットアップ画面

そのまま「セットアップを完了します」を押すと SQLite というデータベースを利用します。しかし、これはファイルベースのデータベースであるため性能の面でお勧めしません。先ほど設定した MariaDB に変更するために「ストレージとデータベース」をクリックしてください。

次のボタンが表示されます。

「データベースを設定してください」の下の「MySQL/MariaDB」をクリックしてください。

第 3 章　導入はじめの一歩（仮想マシンイメージと CentOS 7 のインストール手順）

図 3.14　データベース選択画面

以下のような表示になります。

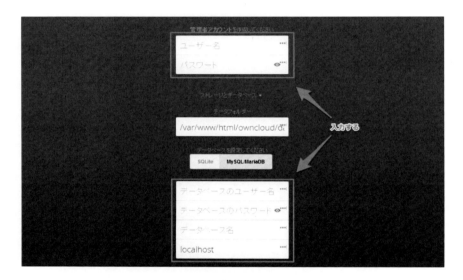

図 3.15　データベース設定画面

以下の項目を入力してください。

- 管理者アカウントの ID：oc_admin
- 管理者アカウントのパスワード：＜管理者パスワード＞
- データベースのユーザー名：root
- データベースのパスワード：＜ MariaDB の root のパスワード＞
- データベース名：ownclouddb

＜管理者パスワード＞には、新しい任意のパスワードを設定できます。＜ MariaDB の root のパスワード＞は、mysql_secure_installation を実行したときのパスワードです。

3.4 CentOS 7 にパッケージファイルでインストール

以下のようになります。

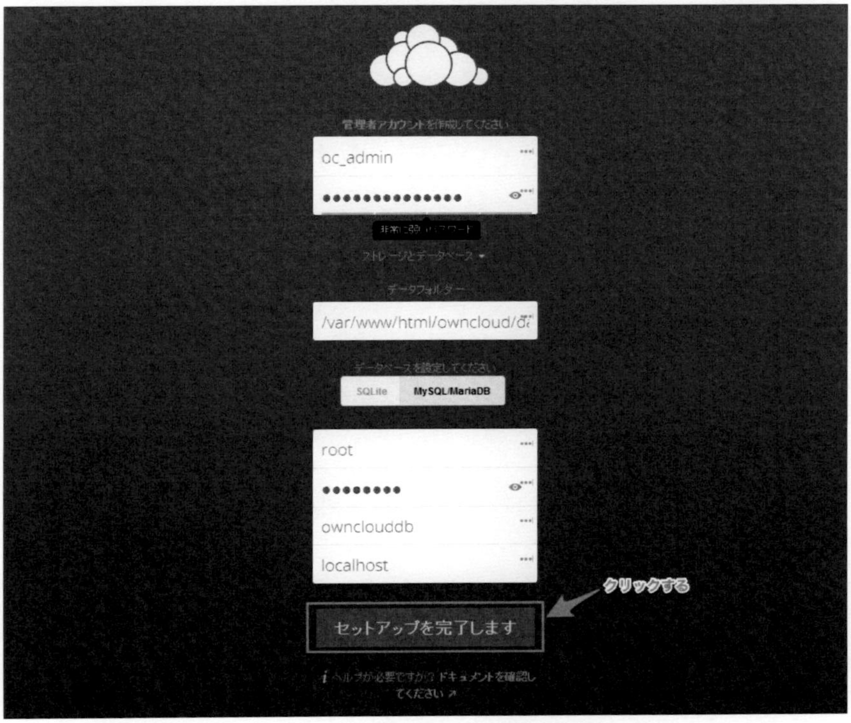

図 3.16 データベース設定入力後画面

すべて入力し終わったら、「セットアップを完了します」をクリックします。

上記画面が表示されていればセットアップ完了です。

SELinux を無効にしていたものを戻します。

```
# setenforce Enforcing
```

SELinux のコンテクストを設定します。

```
#semanage fcontext -a -t httpd_sys_rw_content_t '/var/www/html/owncloud/data'
#restorecon '/var/www/html/owncloud/data'
#semanage fcontext -a -t httpd_sys_rw_content_t '/var/www/html/owncloud/config'
#restorecon '/var/www/html/owncloud/config'
#semanage fcontext -a -t httpd_sys_rw_content_t '/var/www/html/owncloud/apps'
# restorecon '/var/www/html/owncloud/apps'
# semanage fcontext -a -t httpd_sys_rw_content_t
'/var/www/html/owncloud/config/config.php'
```

第 3 章　導入はじめの一歩（仮想マシンイメージと CentOS 7 のインストール手順）

図 3.17　ログイン後初期画面

```
# restorecon -v '/var/www/html/owncloud/config/config.php'
# semanage fcontext -a -t httpd_sys_rw_content_t '/var/www/html/owncloud/.user.ini'
# restorecon -v '/var/www/html/owncloud/.htaccess'
# semanage fcontext -a -t httpd_sys_rw_content_t '/var/www/html/owncloud/.htaccess'
# restorecon -v '/var/www/html/owncloud/.user.ini'
```

　ここまでで IP アドレスで接続できるようになりました。しかし、インターネットから接続できるようにするためには IP アドレスで接続するのはよくありません。

　そこで ownCloud にドメイン設定を入れます。これにより DNS に登録された FQDN によりサーバーを参照できます。※ DNS サーバーの設定方法はここでは述べません。

　ownCloud は config.php という設定ファイルとデータベース内にある設定テーブルに設定が記録されています。config.php は ownCloud が動くための基本的な設定が書かれています（例：DB サーバーへの接続設定や ownCloud の挙動を変更する設定など）。

　config.php は以下に設置されています。

/var/www/html/owncloud/config/config.php

　設定が終了した初期段階での config.php 設定ファイルは以下のようになっています。

```
<?php
$CONFIG = array (
  'updatechecker' => false,
  'instanceid' => 'oc2yhp5u53h3',
  'passwordsalt' => 'MN0+/zMxLY9uTdLX7RQvJd4Hea8uqb',
```

3.4 CentOS 7 にパッケージファイルでインストール

```
  'secret' => 'Kr3GU//agA7Xmnz42dkj/eH5BZytxO28XZREz+rd2F7KPehf',
  'trusted_domains' =>
  array (
    0 => '<private ipaddress>',
  ),
  'datadirectory' => '/var/www/html/owncloud/data',
  'overwrite.cli.url' => 'http://<private ipaddress>/owncloud',
  'dbtype' => 'mysql',
  'version' => '9.0.2.2',
  'dbname' => 'ownclouddb',
  'dbhost' => 'localhost',
  'dbtableprefix' => 'oc_',
  'dbuser' => 'oc_oc_admin',
  'dbpassword' => 'mWJRDwMXcCmtFhBQX3XenFa66XsHM4',
  'logtimezone' => 'UTC',
  'installed' => true,
);
```

instanceid,passwordsalt,secret,dbpassword についてはインストールした環境毎に違います。ご注意ください。

まず書き換える必要があるのは以下の項目です。

```
  'trusted_domains' =>
  array (
    0 => '<private ipaddress>',
  ),
```

ここに以下のように追記します（example.co.jp はサンプルです。お持ちのドメインに変更してください）。お好きなエディターで開いて編集してください。

```
  'trusted_domains' =>
  array (
    0 => '<private ipaddress>',
    1 => 'example.co.jp',
  ),
```

設定終了後には apache を再起動しておきましょう。

```
$ systemctl restart httpd.service
```

上記で基本的な ownCloud の設定が完了しました。後は、セキュリティを万全にするために、

- SSL 証明書の取得
- SSL 設定
- ログ保存場所の変更
- ログローテート

第 3 章　導入はじめの一歩（仮想マシンイメージと CentOS 7 のインストール手順）

- Apache のセキュリティ設定
- バックアップ

などが必要です。

　ownCloud のメリットはクラウド上にファイルを保存しない事によるセキュリティの確保です。しかし、自分で構築した ownCloud のメンテナンスが不十分でセキュリティ不備による情報漏えいになってしまっては、クラウドに置いておいた方がマシという事になりかねません。十分注意してアップデートは欠かさないようにしましょう。

---

ownCloud コラム

なぜ、trusted_domains を指定する必要があるの？

これは、Host ヘッダーインジェクションを防ぐためにあります。例えば悪意のある第三者が、勝手にドメインを取得しプロキシーを立ててユーザーが発行した HTTP リクエストのヘッダー中に host:evil.example.co.jp という偽のホスト名を入れてアクセスさせたとします。PHP で $_SERVER['SERVER_NAME'] を使っている場合、この環境変数が汚染されてしまうことになります。

trusted_domains を設定しておくと Host ヘッダーが trusted_domains に入っていないドメイン名のリクエストは拒否することができます。

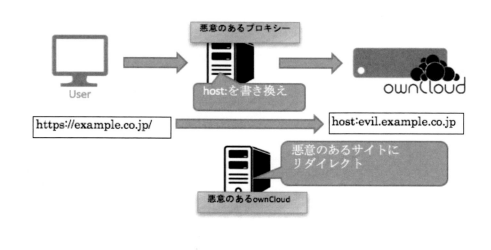

第4章 内部構造と設定方法

ownCloud の内部構造の説明と細かな設定内容、そして ownCloud のパフォーマンスチューニングについて解説します。

4.1 内部構造

まず ownCloud の内部は以下のような構造になっています。

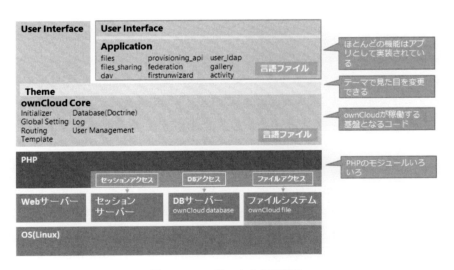

図 4.1 ownCloud の内部構造

これは一番下に OS があり、Web サーバーや DB サーバー、セッションサーバーがその上で

動いていて、PHPからアクセスするという図になっています。そしてownCloudは、そのPHPの実行基盤の上にownCloudのフレームワークとなるcoreが稼働しています。ownCloudのフレームワークのcoreの上でownCloudのアプリケーションが動いています。

上記のApplicationの枠の中は以下のようになっており、ownCloudのさまざまな機能が一つ一つ別のアプリケーションとして実装されています。

4.2　ownCloudのアプリケーション

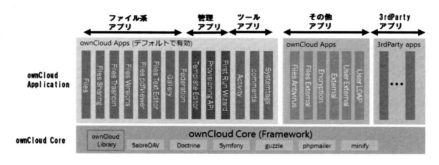

図4.2　ownCloudの機能を提供するアプリケーション

これにより、ownCloudは機能をさまざまに拡張できる仕組みを備えています。この拡張できる仕組みはownCloudに大きな柔軟性をもたらしています。通常のサービス型オンラインストレージとの違いはここにもあります。インターネットサービスとしてのサービス型オンラインストレージはユーザー毎のカスタマイズは提供されません。画一的なインターフェースや機能を提供することにより、インターネットサービスとして低価格やオペレーションのしやすさを確保しています。

しかし、ユーザーや企業によりニーズや使い方は違います。すべての会社に対してすべて要求に沿うような機能、使い勝手を提供することはできません。そこがインターネットサービスとしてのサービス型オンラインストレージの欠点にもなっています。ところが、オンプレミスやユーザー個別のクラウドにセットアップするownCloudではこの拡張性を活用して必要な機能を追加したり削除したりできるので、ニーズに合ったオンラインストレージを構築できるのです。

4.3 設定やデータの保存先

ownCloudの構造はわかりましたが、ownCloudのデータはどこに入っているのでしょうか？ownCloudに入っている情報は、ひとくちにデータと言ってもさまざまな種類があります。

1. ユーザーが保存した情報
2. ownCloudがシステムとして動くために必要な情報
3. ownCloudを動かす為に必要なミドルウェアの設定情報

の3種類です。

上記の3種類のデータが、

1. 設定ファイル
2. データベース
3. ファイルシステム
4. 外部ストレージ、外部サーバー

に保存されています。

これらの情報の設定場所は以下の図で表すことができます。

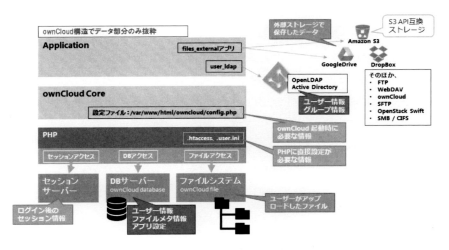

図4.3 ownCloudデータ保存場所

左のセッションデータは、ownCloudにログインした後に自動的に生成されるデータでログイ

ンしている間に必要なものです。この情報がなくなるとログアウトした状態になり再度ログインを求められます。

DB サーバーのデータは、ユーザー情報や、ファイルのメタ情報、ownCloud のアプリの情報が入っています。特にユーザー情報とファイルのメタ情報は重要です。ユーザー情報はパスワードのハッシュ情報が入っています。ファイルのメタ情報はファイルに関する「所有者」や「ファイルのハッシュ情報」、「更新日付」「ファイル名」「ファイルパス」等が入っています。

ファイルシステムには、ユーザーがアップロードしたファイルが入っています。その他にもゴミ箱ファイルや、履歴ファイル、画像のサムネイルファイル、暗号化を利用した場合の鍵ファイルも保存されます。

通常のセットアップでは、ユーザーデータは /var/www/html/owncloud/data/ に保存されますが、別のところに移動することも可能です。

次に、.htaccess と .user.ini です。これは、Apache の設定と PHP の設定を保存しています。

では、これらの情報を以下のように分類して設定を見ていくことにします。この時点ではパフォーマンス的な観点ではなく、セキュリティや運用といった観点で設定を行います。

- config.php
- ウェブサーバーの SSL 設定
- ファイアウォールの設定
- SELinux

一番重要なのが、ownCloud の config.php です。これは、ownCloud のアプリケーションのディレクトリ配下の config というディレクトリに入っています。この config.php で DB 接続設定や、メモリキャッシュ設定、ログ出力先、メール設定などを設定します。

次に必要なのが、ウェブサーバーの設定です。前章のインストールでは、Apache を使いましたが、本来はもう少し設定しなければならないことがあります。これ以外にもセキュリティを高めるために、ファイアウォールや SELinux なども設定しておいた方がいいでしょう。

config.php について

それでは、config.php から設定を見ていくことにしましょう。CentOS にインストールしたマシンの config.php を見てみましょう。CentOS に RPM でインストールした場合は、以下になります。

```
/var/www/html/owncloud/config/config.php
```

　config.php にはいくつかの情報がすでに入っています。これは、ブラウザー UI から ownCloud を初期設定した時に生成されて入るものです。自動的に生成されるものもありますし、入力情報がそのまま config.php に転記されているものもあります。

　ここで、config.php の大事さについて一番最初に説明しておきます。config.php には、パスワードソルトというものが入っています。これはパスワードをハッシュ化するときに、パスワードに追加するものです。これにより同じパスワードでもハッシュの値が違うものになりますので、総当たりによるパスワードクラックに対する耐性が上がります。

　"パスワード文字列"+"パスワードソルト" ⇒ 　ハッシュ化

　ここで "パスワードソルト" が失われるといくら正しいパスワードを入力していてもログインできなくなります。そうなった場合は、ユーザーのパスワードを全部付け直しという荒技もありますが、そういう事態は極力避けるべきでしょう。バックアップ取得対象として忘れないようにしてください。

　もう一つの重要な情報は、データベースへの接続パスワードが書かれていると言うことです。データベースの中には、ownCloud の設定情報が入っていますがデータベースに接続するためのパスワードをそこには書くことができません。データベースへの接続パスワードは外に書いておかなければなりません。当然、データベースへの接続パスワードは暗号化もされていませんので平分で見ることができてしまいます。接続 ID とパスワードがあれば誰でも接続できてしまいます。

　config.php は上記のような重要な情報が入っていますので取り扱いには注意をお願いいたします。

　デフォルトでは以下のような設定値が入っています。

　その他の設定については config.php と同じフォルダーに config.sample.php がありますので参考にしてください。ディストリビューションによっては入ってない場合もあります。その場合は、GitHub の config.sample.php を参考にされると良いでしょう。

　デフォルトの設定は上記の通りですが、ログに関する設定を変更しておきましょう。

```
'logdateformat' => 'Y-m-d H:i:s',
'logtimezone' => 'Asia/Tokyo',
'loglevel' => 1,
```

　です。行末の (,) を忘れないようにしてください。

　上記で ownCloud のログの日付が日本時間になり、ログの時刻フォーマットが "年-月-日 時:

第 4 章　内部構造と設定方法

表 4.1　config.php 設定内容項目

設定項目名	設定内容	デフォルト値
updatechecker	ownCloud のアップデートがあるか管理画面で知らせる	True
instanceid	ownCloud のインストールを一意に示す ID	自動生成
passwordsalt	ユーザーのパスワードハッシュ化に利用するソルト	自動生成
secret	ownCloud 暗号フレームワークで利用する文字列	自動生成
trusted_domains	ホストヘッダーインジェクション対策用のドメイン名 ownCloud を動かすドメイン名、IP アドレスを記載	設定時の IP アドレス
datadirectory	ownCloud のユーザー毎のファイルを保管するディレクトリの大元のディレクトリ	初期設定画面で選択したもの
overwrite.cli.url	occ コマンドで接続する ownCloud の URL を指定	http://<owncloud の IP アドレス>
dbtype	ownCloud で利用するデータベースのサーバーの種類	初期設定画面で選択したもの 以下のものがある sqlite (SQLite3) mysql (MySQL/MariaDB) pgsql (PostgreSQL) oci (Oracle エンタープライズ版のみ)
version	ownCloud のインストールされているバージョン	インストール時に自動設定
dbname	データベース名	初期設定画面で入力したもの
dbhost	データベースサーバーのホスト名	初期設定画面で入力したもの
dbtableprefix	データベースのテーブル名の前置文字列	oc_
dbuser	データベース接続 ID	初期設定画面で入力したもの
dbpassword	データベース接続パスワード	初期設定画面で入力したもの
loglevel	ログの出力レベル	0 = Debug 1 = Info 2 = Warning 3 = Error 4 = Fatal
installed	初期設定が完了しているかどうかのフラグ	true
maintenance	メンテナンス中かどうかの設定 これが true の場合ユーザーがログインできなくなる	false

分:秒" になります。

次に各ミドルウェアの設定を詳細に見ていくことにしましょう。

Apache の SSL 設定

SSL 証明書

　言うまでもないことですが、インターネット上ではデータの盗み見がどこでされていても不思議ではありません。インターネットからアクセスできるように ownCloud をセットアップする場合は必ず SSL 証明書を設定しましょう。ドメインさえあれば、Let's Encrypt[*1]で無料の SSL 証明書を取得できるようになっています。

[*1] Let's Encrypt - Free SSL/TLS Certificates　https://letsencrypt.org/

SSL 設定

Apache の設定ではあまりすることはありませんが、SSL 証明書の設定についてはデフォルトでは SSLv3 が有効であるなど良くない設定がありますので修正します。

参照：SSL/TLS 暗号設定ガイドライン～安全なウェブサイトのために（暗号設定対策編）～：IPA 独立行政法人 情報処理推進機構[*2]

```
vi /etc/httpd/conf.d/ssl.conf
SSLProtocol all -SSLv2 -SSLv3
```

SSLv3 は現在問題がある事が分かっていますので対応プロトコルから外す必要があります。

```
SSLHonorCipherOrder on
SSLCompression      off
SSLSessionTickets   off
```

サーバー側から暗号化スイートの順番を指定します。予期せぬ脆弱な暗号の選択を避けます。

```
SSLCipherSuite "EECDH+AESGCM:EECDH+AES:EDH+AES:-EDH+AESGCM:!DSS"
```

を最低限設定しましょう。

ログ保存場所の変更

ownCloud のログの保存場所は、config.php で設定します。ログの保存場所を作成して出力先を変更します。

```
# mkdir /var/log/owncloud/
# chown -R apache /var/log/owncloud/
```

```
# vi config.php
  'logfile' => '/var/log/owncloud/owncloud.log',
```

設定を有効にするために Apache を再起動します。

```
systemctl restart httpd
```

ログイン画面でパスワードをワザと間違えるとログが出力されます。 /var/log/owncloud/owncloud.log にファイルができていることを確認してください。

ログローテート

ログの出力先は変更しましたが、そのままではログファイルがずっと貯まってしまうのでログ

[*2] https://www.ipa.go.jp/security/vuln/ssl_crypt_config.html

をローテートしておきましょう。

Apache のセキュリティ設定

同様に、SSL の設定で HTTP Strict Transport Security (HSTS) の設定をしましょう。ssl.conf の最後の</VirtualHost>の前に以下の設定を追加してください。

```
    Header always set Strict-Transport-Security "max-age=15768000; includeSubDomains; preload"
```

サブドメインでのアクセスを含まない場合は includeSubDomains を削除してください。

バックアップ

バックアップは、以下の3つものをバックアップしてください。

1. owncloud の config.php 設定ファイル
2. DB のダンプ
3. datadirectory で示したディレクトリ

ここでは記載しませんが、バックアップはスクリプトでバックアップするようにして保存期間なども 10 日ぐらいで指定するとよいでしょう。

第5章 パフォーマンスチューニング

パフォーマンスについて必要な設定はまだまだあります。パフォーマンスをよくするためのチューニングとしては、ownCloudでは以下のようなポイントがあります。

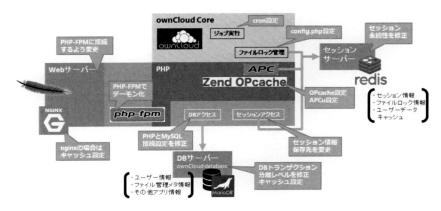

図 5.1　ownCloud パフォーマンスチューニングポイント

パフォーマンスチューニングのポイントは、いかに Disk への書き込みを避け、メモリーを有効に活用するかにつきます。また、接続時のセッションを使い回し、PHP の中間コード生成回数を少なくし、DB の処理速度を上げることも行います。

それでは、チューニングポイントを以下の5つに分けて説明していきましょう。

1. cron 設定
2. DB トランザクション分離レベルの変更と PHP の DB（mysqli）接続設定

3. PHP キャッシュの導入（OPcache、APCu）
4. KVS の導入（Redis）
5. Apache + PHP-FPM の設定

5.1　cron設定

　ownCloud には Job 実行機能があります。これは 1 時間に 1 回送信されるメール通知に利用されたり、ゴミ箱に入っているファイルやバージョニングの履歴ファイルを自動的に削除するクリーンアップのスケジュール実行として利用されています。

　デフォルトの設定では、この Job 実行機能は Ajax で動作するモードになっています。このモードではユーザーがブラウザーで ownCloud を操作するときにジョブが実行されるようになっています。これは効率が悪いのみならず、ブラウザーのレスポンスにも影響を与えます。

　そこで、この Job 実行機能を Linux の cron 機能から呼び出されるように変更します。

　/etc/cron.d に以下のファイルを作成します。

```
# vi /etc/cron.d/owncloud-cron-php
```

　そのファイルの中に以下の内容を記載します。ここでは、Web サーバーを Apache、そして起動タイミングを毎分としています。もし、Web サーバーを Apache 以外で実行している場合は適宜修正してください。また、5 分に 1 回程度の起動でも通常は問題ないでしょう。

```
* * * * * apache php -f /var/www/html/owncloud/cron.php  > /dev/null 2>&1 || logger "cron failed. ret=$? '/bin/awk \'{print $1}\' /proc/$$/cmdline'" >
/etc/cron.d/owncloud-cron-php
```

　cron 設定に変更したので、ownCloud の config.php にも設定変更を反映します。以下のコマンドを実行してください。config.php の設定が修正されます。

```
# sudo -u apache /var/www/html/owncloud/occ background:cron
```

5.2　DBトランザクション分離レベルの変更とPHPのDB（mysqli）接続設定

　ここではデータベース関連の設定を行います。これは PHP のキャッシュ設定の次に効果の高いチューニングです。

server.cnf の設定

データベースのデータ更新時のトランザクションの分離レベルを修正します。MariaDB の分離レベルはデフォルトでは、**REPEATABLE-READ** ですが、これを **READ-COMMITED** に変更します。**REPEATABLE-READ** は、トランザクション開始時のデータを繰り返し読み込めるという意味ではよいのですが、トランザクションを継続している間にロック競合が発生します。その為、更新時のパフォーマンスが落ちる等の問題があります。ownCloud 社では、トランザクション分離レベを **READ-COMMITED** に変更することを推奨しています。以下のページに詳しい解説があります。

漢 (オトコ) のコンピュータ道: さらに MySQL を高速化する 7 つの方法[*1]

設定方法は以下の通りです。以下の様に MariaDB の設定ファイルを開きます。

```
# vi /etc/my.conf.d/server.cnf
```

[mysqld] の次の行に以下を追記します。

```
transaction-isolation=READ-COMMITTED
```

編集を終了して、MariaDB を再起動すれば設定が反映されます。

```
# systemctl restart mysql
```

php-mysqlnd の設定

さらに PHP から MariaDB へ接続するセッション設定も修正します。これによりセッションのパーシステンスが確保され MariaDB への接続が速くなります。ここでは、php-mysqlnd パッケージを利用しているとします。以下の様に php-mysqlnd の設定ファイルを開きます。

```
# vi /etc/php.d/30-mysqli.ini
```

以下の行を追加します。

```
mysqli.allow_local_infile=On
mysqli.allow_persistent=On
mysqli.cache_size=2000
mysqli.max_persistent=-1
mysqli.max_links=-1
mysqli.connect_timeout=60
mysqli.trace_mode=Off
```

編集を終了して、Web サーバーを再起動すれば設定が反映されます。

[*1] http://nippondanji.blogspot.jp/2009/03/mysql7.html

5.3　PHPキャッシュの導入（OPcache、APCu）

次に、PHPのキャッシュ設定を行います。PHPのキャッシュとは何か簡単に説明しておきましょう。

PHPはインタープリター言語です。インタープリター言語とは実行の度にソースコードを中間言語にして実行しています。その中間コードをオペコードと言います。実行の度にソースコードを読み込んでオペコードに変換するのは非常に効率が悪く、実行速度も遅くなります。

しかし、オペコードはソースコードが変わらなければ生成されるものは同一です。では、それをキャッシュしておくとオペコードにする操作が省けるので実行が早くなるのでは？と考えた人がいて、それをキャッシュする機能をPHPに実装しました。これがPHPのキャッシュと呼ばれるものです。これは昔からある技術で、eAcceleratorやXCache、APCなどのキャッシュ用の機能拡張が行われてきました。しかし、PHPの新しいバージョンへの対応などの問題があり、安定的に利用できるものではありませんでした。PHP 5.5からは、Zend社が提供したOPcacheがPHPに組み込まれました。このPHPキャッシュ設定により、CPU負荷が下がり、実行速度がアップします。

OPcacheはオペコードをキャッシュしますが、実はオペコードだけでプログラムが実行されるわけではありません。プログラムを実行するにはデータが必要です。しかし、OPcacheにはこのデータをキャッシュする機能がありません。そこで、データをキャッシュするためにAPCuというものを使います。現在では、OPcacheとAPCuの両方を使って設定することが多くなってきています。

OPcacheのインストール/設定

OPcacheをインストールします。

CentOSの標準レポジトリにはOPcacheやAPCuがありません。そこで、レポジトリを追加してインストールします。

```
# yum install epel-release
# yum install php-pecl-zendopcache php-pecl-apcu
```

しかし、デフォルトの設定のままでは中間コードのキャッシュが2秒なのでそれを600秒に伸ばします。また、fast_shutdownが無効なので有効にします。これによりセッションの切断が早くなりPHPの稼働効率が上がります。

/etc/php.d/opcache.iniの以下の項目を修正します。

```
opcache.enable = 1
opcache.enable_cli = 1
opcache.memory_consumption = 128
opcache.interned_strings_buffer = 8
opcache.max_accelerated_files = 4000
opcache.revalidate_freq=600
opcache.fast_shutdown=1
```

こちらの項目については、php.netのOPcacheのインストール手順[*2]でも紹介されています。

APCuの設定

上記の説明の通りOPcacheは、オペコードをキャッシュしてくれますが、データのキャッシュは提供されませんので、APCuを設定します。

/etc/php.d/apcu.ini の以下の項目を修正します。

```
apc.enabled = 1
apc.enable_cli = 1
apc.shm_size = 64M
apc.ttl=7200
```

以上で、PHPのキャッシュ設定が終了です。

5.4 KVSの導入（Redis）

次にKVSを導入しましょう。KVSはKey Value Storeの略です。このKVSはSQLを利用するデータベースとは違うシステムです。ここではKVSをユーザーデータとセッション情報の保存先として使用します。上記のPHPキャッシュの導入では、APCuをインストールしました。APCuはデータをキャッシュする機能だと説明しました。しかし、キャッシュされたデータはどこに保存されるでしょうか？通常はLinuxのオンメモリに保存されます。そして、この場合1台のサーバーで動かしているときには問題になりませんが、複数台のサーバーがあった場合、それぞれのサーバーのメモリーにユーザーデータが保存されます。これは効率が良くありません。

また、ユーザーのセッション情報もPHPがLinuxのファイルシステム上にファイルとして保存しています。セッション情報はブラウザー経由でユーザーが操作する度にチェックされ更新されます。ファイルに保存するという方式では読み込み書き込み時に負荷がかかります。そういった更新頻度が高いデータがハードディスクに書き込まれるというのは、負荷の高い操作になりが

[*2] http://php.net/manual/ja/opcache.installation.php

ちです。

そこで、そういった問題を解消するためにメモリー上にユーザーデータとセッション情報を保存するように設定します。これによりハードディスクへのアクセスが減り、複数台のサーバーで実行したときにも効率の良いアクセスが可能になります。1台で動かしている場合でも十分効果の高いものですので、サーバーのメモリーの許す限りKVSを導入するとよいでしょう。

また、ownCloudは、ファイルの同時書き込みの競合チェックのために通常はデータベースを利用していますが、これについてもKVSを利用することによりownCloudのパフォーマンスを上げることが可能です。

Redisインストールと設定

Redisは、セッション情報等を入れるキーバリューストアサーバーです。KVSとして利用できるプロダクトはいくつかありますが、今回はRedisを利用します。Redisは他のKVSよりもスピードは劣りますが、セッション情報の破棄などが厳密にされており、ownCloud社ではmemcachedよりもRedisを推奨しています。セッション情報をRedisに切り替えることによりパフォーマンスが向上し、特に利用者数が増えてきたときに高いスループットを発揮します。

KVSのRedisをインストールします。

```
# yum install -y redis
```

saveで始まる行をすべてコメントアウトします。

```
# sed -i.bak -e s'/^save/#save/' /etc/redis.conf
```

これは、Redisにあるデータを永続化するオプションを無効化します。Redisはデータを永続化する為にDiskに書き出す機能があります。しかし、ownCloudのRedisに保存するデータは、一時データであり永続化機能は必要ありません。また、永続化していた場合にはDiskへの書き込みが発生し、パフォーマンスが落ちてしまいます。

Redisサーバーを起動して有効化します。

```
# systemctl start redis
# systemctl enable redis
```

PHP Redisパッケージのインストール

次に、PHPからRedisを利用する為のパッケージphp-pecl-redisをインストールします。

5.4 KVSの導入（Redis）

```
# yum install php-pecl-redis
```

PHPセッション情報をRedis上に保存

PHPのセッション情報をredisへ切り替えます。以下のファイルを編集します。

```
# vi /etc/httpd/conf.d/php.conf
```

下記のように項目を書き換えます。

```
php_value session.save_handler "redis"
php_value session.save_path    "tcp://127.0.0.1:6379"
```

ownCloudでAPCuの設定

ownCloudのconfig.phpでRedisとAPCuを設定します。同時にownCloudが保持しているファイルの同時書き込みの競合チェックをDBへの書き込みからRedisのKVSへ移動します。ファイルの同時書き込み競合チェックをKVSにすることにより多くのユーザーが同時にファイルをアップロードするときのパフォーマンスが向上します。ownCloud 7の時にはこの機能がなくファイルの同時書き込み競合チェックがデータベースのボトルネックとなりパフォーマンスが頭打ちになっていました。

```
# vi /var/www/html/owncloud/config/config.php
```

以下の内容を「);」の前の行に追記

```
'memcache.distributed' => '\OC\Memcache\Redis',
'memcache.locking' => '\OC\Memcache\Redis',
'memcache.local' => '\OC\Memcache\APCu',
'redis' => array(
    'host' => '127.0.0.1',
    'port' => 6379,
    ),
```

設定が終了したら、Webサーバーを再起動してください。

Redisで動作しているかどうかの確認方法

Redisに設定が変更されていれば、Redisサーバーを停止するとブラウザーからownCloudに接続できなくなるはずです。また、PHPのセッションファイルが/var/lib/php/session/ 以下に作成されますので、このファイルを削除してログアウ

トしなければ、セッション情報は Redis 上で管理されています。

5.5 ApacheとPHP-FPMの設定

　Apache と PHP-FPM というのは聞き慣れないかたもいらっしゃるかも知れませんが、Apache と PHP を分けることによりスピードアップする方法の一つです。通常は、Apache 上で PHP を動かす mod_php というのが一番ポピュラーな稼働方法です。しかし、これには問題点があります。その問題は Apache という Web サーバーと PHP が密につながりすぎているということです。

　例えばこういう状況を考えてみましょう。ユーザーがブラウザーから大量のファイルをアップロードしました。そのファイルのアップロードは時間のかかる操作でアップロードが終了するまで PHP がずっと実行されています。その場合、Apache はプロセスをずっと起動したまま PHP の処理が終わるのを待っています。それが複数同時に起こったとしたらどうでしょうか？

　そういう状況の場合、Apache のプロセスがずっと起動したままたくさん貯まっていくということが発生します。Apache は、PHP を実行する以外にも静的なファイルをブラウザーに返したりするという機能も提供しています。これらのプロセスがたくさんになってくると Apache の動作が重くなって、パフォーマンスが悪くなっていくのです。

　そこで、Apache の静的なファイルを返す機能と PHP を実行する機能を分割します。静的なファイルを返す機能を Apache で、PHP を実行する機能を PHP-FPM というデーモンで担います。PHP-FPM は PHP の実行のみを担当できるので、キャッシュや実行を効率的にこなすことができるようになります。

　では、この PHP-FPM を設定しましょう。

PHP-FPM をインストールします。

　まず、PHP-FPM のパッケージをインストールします。

```
# yum install php-fpm
```

　次に、PHP-FPM デーモンを起動し、有効にします。

```
# systemctl start php-fpm
# systemctl enable php-fpm
```

　php-fpm を socket 起動に書き換えます。

```
# sed -i -e 's#listen = 127.0.0.1:9000#listen = /var/run/php-fpm/php-fpm.sock#g' /etc/php-fpm.d/www.conf
```

　PHP-FPM は、ブラウザーからの php を呼びだす時の接続をネットワーク接続と、Unix ソケット経由での接続が可能です。Unix ソケット経由の接続の方がネットワーク接続よりもスピードが若干速くなります。その分設定が難しくなります。

　次いで PATH 環境変数を修正します。

```
# sed -i -e 's#;env\[PATH\].*#env\[PATH\] = /sbin:/bin:/usr/sbin:/usr/bin#g' /etc/php-fpm.d/www.conf
```

Apache の設定

　Apache 側も PHP の実行環境を mod_php からソケット経由の PHP-FPM に変更します。

```
# vi /etc/httpd/conf.d/php.conf
```

　以下の様な項目の記載を

```
SetHandler application/x-httpd-php
```

　以下のように修正します。

```
SetHandler "proxy:unix:/var/run/php-fpm/php-fpm.sock|fcgi://localhost"
```

　KVS 導入時の以下の項目をコメントアウトします。(PHP-FPM では別の場所で設定します)

```
# vi /etc/httpd/conf.d/php.conf
```

```
#php_value session.save_handler "redis"
#php_value session.save_path    "tcp://127.0.0.1:6379"
```

　Apache を Prefork 起動から MPM Event 起動に変更します。

```
# vi /etc/httpd/conf.modules.d/00-mpm.conf
```

```
LoadModule mpm_prefork_module modules/mod_mpm_prefork.so
```

　をコメントアウト、

```
#LoadModule mpm_event_module modules/mod_mpm_event.so
```

　をアンコメントし、以下のようにします。

```
#LoadModule mpm_prefork_module modules/mod_mpm_prefork.so
LoadModule mpm_event_module modules/mod_mpm_event.so
```

httpdを再起動します。

```
# systemctl restart httpd
```

再起動するときの注意点

ApacheとPHP-FPMを再起動するときには、PHP-FPMを再起動してからApacheを再起動するようにしてください。

```
# systemctl restart php-fpm
# systemctl restart apache
```

PHP-FPMソケット接続のトラブルシューティング

PHP-FPMとApacheの組み合わせで困るのは、Unixソケット経由の接続が動かない場合にどこに問題があるか分かりにくく、トラブルシューティングしにくい点です。

以下の点に気をつけて設定を確認してください。

1. www.confで設定したlisten = のパス（ここでは/var/run/php-fpm/php-fpm.sock）にUnixソケットファイルができているか確認する
2. Unixソケットファイルのユーザーが合っているか確認する（WebサーバーがApacheならソケットファイルがApacheになっているか）
3. Unixソケットファイルのパーミッションがあっているか確認する（読み書き権限があるか）
4. Webサーバーで設定したproxyでSocketのファイルパスが合っているか確認する

以上の内容を確認してください。

5.6 PHPのバージョンアップ

PHPは新しいバージョンの方がパフォーマンスが上がります。最新のバージョンはPHP7.0です。できるだけ新しいPHPを使うことをお勧めします。

ここまでは、OSの標準パッケージのPHP5.5を使った設定を説明してきました。PHP7.0にバージョンアップすることによりパフォーマンスが2倍程度アップするとされています。弊社で

も社内環境で利用していますが、CPU の負荷が下がったことを確認しています。

レポジトリのインストール

　PHP7.0 は Remi レポジトリを利用します。そのため、Remi レポジトリの設定をインストールします。しかし、Remi レポジトリは EPEL レポジトリと依存関係がありますので、その前に EPEL レポジトリもインストールします。

```
# yum install -y epel-release
# yum install -y http://rpms.famillecollet.com/enterprise/remi-release-7.rpm
```

古い PHP の削除と PHP7.0 をインストール

　古い PHP をいったん削除します。

```
# yum remove -y php\*
```

　新しい PHP7.0 をインストールします。

```
# yum install -y php php-fpm php-gmp php-mbstring php-mbstring \
    php-mcrypt php-mysqlnd php-opcache php-pear-Net-Curl \
    php-pecl-apcu-bc php-pecl-apcu php-pecl-redis php-pecl-zip \
    php-soap php-intl php-ldap php-gd --enablerepo remi-php70
```

PHP-FPM の設定を再度設定

　PHP をいったん削除し、再度インストールしましたので、設定がデフォルトに戻ってしまっています。再度設定し直す必要があります。以下のファイルを設定します。

```
/etc/php.d/10-opcache.ini
/etc/php.d/40-apcu.ini
/etc/php-fpm.d/www.conf
/etc/httpd/conf.d/php.conf
```

- /etc/php.d/10-opcache.ini の修正
- /etc/php.d/40-apcu.ini の修正
- PHP キャッシュの導入（OPcache、APCu）を再度設定します。

/etc/php-fpm.d/www.conf の修正で Unix ソケットを設定します。

```
# sed -i -e 's/;listen.owner = nobody/listen.owner = apache/g'
/etc/php-fpm.d/www.conf
# sed -i -e 's/;listen.group = nobody/listen.group = apache/g'
```

第 5 章　パフォーマンスチューニング

```
/etc/php-fpm.d/www.conf
# sed -i -e 's#listen = 127.0.0.1:9000#listen = /var/run/php-fpm/php-fpm.sock#g'
/etc/php-fpm.d/www.conf
```

Web サーバーが nginx の場合は、Apache を nginx にします。

環境変数 PATH の設定

```
# sed -i -e 's#;env\[PATH\].*#env\[PATH\] = /sbin:/bin:/usr/sbin:/usr/bin#g'
/etc/php-fpm.d/www.conf
```

PHP-FPM でセッション情報を PHP デフォルトのセッションファイル保存から Redis へ切り替え

```
# sed -i.bak -e 's/files$/redis/g' /etc/php-fpm.d/www.conf
# sed -i -e 's#/var/lib/php/session#"tcp://127.0.0.1:6379"#g'
/etc/php-fpm.d/www.conf
```

/etc/httpd/conf.d/php.conf を Apache の設定で再度修正します。

以上でパフォーマンスチューニングは終了です。

5.7　ownCloud のスケーラブルな構成

ownCloud は拡張可能なスケーラブルな構成を取ることも可能です。スケーラブルな構成にするポイントは、以下の点です。

- Web サーバーと DB サーバーとストレージを分割すること
- Web サーバーは複数台で構成し、負荷分散装置の配下に設置すること
- Web サーバーで config.php はすべて同一とすること
- Web サーバーのセッションをセッションサーバーへ保存するようにすること
- DB サーバーは、Active/Active 型のクラスタリングか、Active/Standby の構成にすること
- ストレージ部分はすべての Web サーバーから接続できるようにすること
- セッションをセッションサーバー (本書では Redis) で管理すること

上記の事に注意すれば、ownCloud をスケーラブルな構成にすることができます。

また、その他に本書で解説している ActiveDirectory 接続や外部ストレージ接続を併用することにより管理運用の面でも使いやすい構成とすることもできるでしょう。

第III部

カスタマイズ編

第6章　カスタマイズ方法

6.1　ownCloudのカスタマイズについて

　ブランディングやアドオン開発等、ownCloud のカスタマイズ方法について紹介します。ownCloud をサービス型オンラインストレージや業務システムとして利用する際に、自身の機関やサービス用にブランディングしたり、独自の業務に合うアドオンを追加するといったニーズが発生します。

　ownCloud には、テーマやアドオンを追加するための機構が用意されているので、後述する方式に従うことで簡単にブランディングやアドオンの追加が行えます。このような対応が行えるのは、オープンソースならではの強みと言えます。

6.2　ownCloudのブランディング

　このセクションでは、ownCloud の Web インターフェースのブランディング方法について紹介します。

Themeの構成

　まず、前提として ownCloud の Web インターフェースのベースとなるグラフィックを表現するための CSS、JavaScript、Image は、以下のディレクトリ配下で実装されています。

```
/var/www/html/owncloud/core
```

「core」ディレクトリ配下を確認すると、以下のフォルダー構成でグラフィックを表現するためのファイルが管理されています。なお、ownCloudでは、以下のようなファイル群を「Theme」と呼称します。

- css：CSSファイル
- js：JavaScriptファイル
- img：ロゴ等の画像ファイル
- l10n：翻訳ファイル
- templates：PHPテンプレートファイル

例えば、ログイン画面の背景グラフィックは「/var/www/html/owncloud/core/css/style.css」ファイルの"#body-login"セクションで実装されているので、当該セクションに適当なbackgroundを指定すれば背景色を変更することが可能です。しかしながら、上記の「core」ディレクトリ配下のファイルは、ownCloudのアップデート際に自動的に更新が行われます。つまり、「core」ディレクトリ配下のCSSファイルを変更してしまうと、ownCloudのバージョンアップの度に、オリジナルのソースに上書きされてしまい、背景色が元に戻ってしまいます。ownCloudには、バージョンアップに影響を与えずにThemeを上書きするための機構が用意されているため、ブランディングを行うためにはその機構を利用します。

ownCloudのブランディング機構

バージョンアップで更新されるようなThemeファイルを以下ディレクトリ配下に同様のディレクトリ構成で配置することで、グラフィック内容を上書きすることが可能です。

```
/var/www/html/owncloud/themes/default
```

例えば、先ほどの「/var/www/html/owncloud/core/css/style.css」の実装を上書きしたい場合、「/var/www/html/owncloud/themes/default/core/css/style.css」ファイルを作成し、"#body-login"セクションを記載することで、ログイン画面の背景色の変更が行えます。

これだけの情報で、1からブランディングを始めるのはハードルが高いので、ownCloudがデフォルトで用意するThemeサンプルをベースにブランディングを行います。

ownCloudが用意するThemeサンプルは、以下のディレクトリに配置されています。

```
/var/www/html/owncloud/themes/example
```

次のセクションから「第 3 章 ownCloud 導入はじめの一歩（仮想マシンイメージと CentOS 7 のインストール手順）」でインストールした ownCloud に対して、ブランディングを行う手順を説明します。

ブランディング手順

まず、適当な Theme 名を決定し、以下のディレクトリ名を変更してください。（ここでは仮に "MyTheme" とします。）

```
$ mv /var/www/html/owncloud/themes/example /var/www/html/owncloud/themes/MyTheme
```

決定した Theme 名を config.php に設定します。「/var/www/html/owncloud/config/config.php」に以下のような設定を 1 行追加してください。

```
<?php
$CONFIG = array (
    （省略）
  'theme' => 'MyTheme',
);
```

ownCloud にアクセスするとログイン画面やトップ画面が以下のようなグラフィックに変更されています。

ログイン画面中央、トップ画面左上に表示されるアプリケーションロゴを変更する場合は、以下のファイルを上書きしてください。

- ログイン画面中央のロゴ：

  /var/www/html/owncloud/themes/MyTheme/core/img/logo.svg

- トップ画面左上のロゴ：

  /var/www/html/owncloud/themes/MyTheme/core/img/logo-wide.svg

ファビコンを上書きする場合は、以下のファイルを上書きしてください。なお、将来予定されているアップデートに対応するために、.ico フォーマット以外に.png、.svg フォーマットのファビコンを配置することが推奨されています。

- Web ブラウザー用のファビコン：

  /var/www/html/owncloud/themes/MyTheme/core/img/favicon.ico

第 6 章　カスタマイズ方法

図 6.1　Theme サンプル ログイン画面

/var/www/html/owncloud/themes/MyTheme/core/img/favicon.png
/var/www/html/owncloud/themes/MyTheme/core/img/favicon.svg

- スマートフォン用のファビコン：

/var/www/html/owncloud/themes/MyTheme/core/img/favicon-touch.png
/var/www/html/owncloud/themes/MyTheme/core/img/favicon-touch.svg

ベースカラーを変更する場合は、以下の CSS ファイルを編集します。
/var/www/html/owncloud/themes/MyTheme/core/css/style.css
以下の "#745bca" を適当なカラーコードに変更することで、ログイン画面およびトップ画面ヘッダーの背景色が変更されます。

```css
/* header color */
/* this is the main brand color */
#body-user #header,
#body-settings #header,
#body-public #header {
  background-color: #745bca;
}

/* log in screen background color */
/* gradient of the header color and a brighter shade */
```

6.2 ownCloud のブランディング

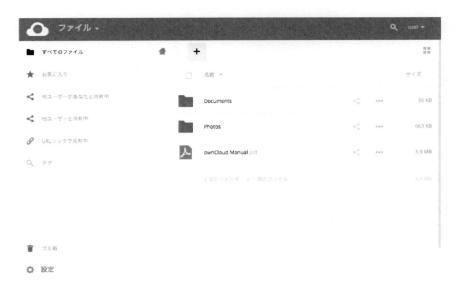

図 6.2　Theme サンプル トップ画面

```
/* can also be a flat color or an image */
#body-login {
  background: #745bca; /* Old browsers */
  background: -moz-linear-gradient(top, #947bea 0%, #745bca 100%); /* FF3.6+ */
  background: -webkit-gradient(linear, left top, left bottom,
color-stop(0%,#947bea), color-stop(100%,#745bca)); /* Chrome,Safari4+ */
  background: -webkit-linear-gradient(top, #947bea 0%,#745bca 100%); /*
Chrome10+,Safari5.1+ */
  background: -o-linear-gradient(top, #947bea 0%,#745bca 100%); /* Opera11.10+ */
  background: -ms-linear-gradient(top, #947bea 0%,#745bca 100%); /* IE10+ */
  background: linear-gradient(top, #947bea 0%,#745bca 100%); /* W3C */
  filter: progid:DXImageTransform.Microsoft.gradient( startColorstr='#947bea',
endColorstr='#745bca',GradientType=0 ); /* IE6-9 */
}
```

　アプリケーション名やアプリケーションのスローガン、各種 URL を変更する場合は、以下の PHP ファイルに記載されている OC_Theme の内容を編集します。

/var/www/html/owncloud/themes/MyTheme/core/defaults.php

　アプリケーション名、スローガン、管理画面の「ドキュメントを開く」アイコンクリック時のベース URL を変更する場合、以下のようにメソッドの戻り値を変更します。

```
class OC_Theme {
 // (省略)
 public function getDocBaseUrl() {
  return 'https://doc.example.com';
```

第 6 章 カスタマイズ方法

```
}
public function getTitle() {
 return 'ThinkIT Cloud';
}
public function getName() {
 return 'ThinkIT Cloud';
}
public function getSlogan() {
 return 'Please enter a slogan!';
}
// (省略)
}
```

その他に、以下のメソッドの戻り値を変更することが可能です。

- getAndroidClientUrl
- getBaseUrl
- getDocBaseUrl
- getEntity
- getName
- getHTMLName
- getiOSClientUrl
- getiTunesAppId
- getLogoClaim
- getLongFooter
- getMailHeaderColor
- getSyncClientUrl
- getTitle
- getShortFooter
- getSlogan

6.3 ownCloudのアドオン開発

このセクションでは、ownCloud の Web インターフェースのアドオン開発方法について紹介します。

ownCloud アプリの構成

「第 3 章 ownCloud の内部構造と設定方法」で紹介したとおり、ownCloud をインストールするとデフォルトで利用可能なファイルやアクティビティ等、ownCloud のほとんどの機能はアプリとして実装されています。各アプリは以下のディレクトリ配下で管理されており、当該ディレクトリ配下を確認することで files や activity 等のディレクトリ名から推測できるとおり、各アプリがディレクトリ単位で配置されていることがわかります。

```
/var/www/html/owncloud/apps
```

つまり、ownCloud でのアドオン開発は、ownCloud のアプリを追加することを意味します。なお、files や activity 等、ownCloud のインストール時にデフォルトで配置されるアプリは、core 同等の実装となるため、ownCloud のアップデート時には自動上書きの対象となります。

「apps」ディレクトリ配下に任意のアプリディレクトリを配置することで、アプリのアドオンができることがわかりましたが、Theme 同様に 1 から実装を始めるのはハードルが高いので、ownCloud が提供するアプリのスキャフォールディング用ツールを利用してアプリをアドオンします。

アプリのアドオン手順

アプリのスキャフォールディング用ツールは Python3 で実装されているため、以下のコマンドで Python3 をインストールします。

```
$ sudo apt install python3-pip
$ which pip3
```

続いて、アプリのスキャフォールディング用ツールである「ocdev」コマンドをインストールします。

```
$ su -
$ pip3 install ocdev
```

ocdev のインストールが完了したら、以下のコマンドにて、アプリをスキャフォールディングします。各オプションには任意の値を指定してください。

第 6 章　カスタマイズ方法

図 6.3　作成したアプリの有効化

```
$ cd /var/www/html/owncloud/apps
$ ocdev startapp MyApp --email mail@example.com --author "Your Name" ¥
  --description "My first app" --owncloud 9
```

作成したアプリを ownCloud の管理画面から有効化します。

有効化したアプリ画面を開くと以下のような内容が表示されます。当該アプリには、ownCloud の一般的なレイアウトや簡単なボタン操作、Ajax 通信が実装されています。

図 6.4　作成したアプリ画面

作成されたアプリディレクトリ配下には以下のディレクトリが配置されます。各ディレクトリ

の役割に合わせて、任意の実装を追加してください。

- appinfo/：アプリのメタ情報やルーティング等の設定ファイルを配置
- controller/：コントローラ実装ファイルを配置
- css/：CSS ファイルを配置
- js/：JavaScript ファイルを配置
- templates/：テンプレート実装ファイルを配置
- tests/：PHP Unit テスト実装ファイルを配置

以上で、ownCloud のブランディングやアドオン開発の基本的な手順について説明しました。それぞれ ownCloud から提供されるサンプルやコマンドで簡単にベース部分を実装することが可能です。また、今回紹介した方式は ownCloud のバージョンアップに影響を受けない対応であることに大きな理由があります。というのも、ownCloud のバージョンアップサイクルは比較的早い傾向にあります。バージョンアップには、機能改善の他にセキュリティの脆弱性への対策も含まれます。そのような観点からブランディングやアドオン開発を行ったせいで、ownCloud 自体のバージョンが行えなくなることは避けなくてはなりません。

この先、さらに深い部分に対応するには、ソースを読み進める必要がありますが、core のバージョンアップに影響を与えず、フレームワークの意図を理解しながらブランディングやアドオンの開発を行って行くことは、オープンソースならではの楽しみであると考えています。

---

ownCloud コラム

ownCloud では、上記で紹介した WebUI のアドオンの他に外部 API の実装を行うことが可能です。実装方法については、ownCloud の開発ドキュメントを参照してください。
ownCloud Developer Manual | External API (https://doc.owncloud.org/server/9.0/developer_manual/core/externalapi.html)
標準で Basic 認証がサポートされているため、セキュアな REST API で簡単に ownCloud が保有する情報を JSON や XML 形式で返却するインターフェースをアドオンできるので、標準で提供される WebDav インターフェースと組み合わせ、さまざまなデバイスと ownCloud 上のファイルや情報を連携することが容易に実現できます。

第7章 APIを利用した活用方法

7.1 ownCloudが提供するAPI

ownCloudにはWebDAVやShare API等の外部アプリケーションから呼び出し可能な外部APIやHooks、Background Jobs等のカスタマイズアプリケーションから利用可能な内部APIが用意されています。そのようなAPIを利用することで独自の実装を行わずにプラグアンドプレイすることが可能です。

7.2 外部APIについて

本セクションでは、自身の業務システムやモバイル端末等のクライアントとownCloudを連携し、ファイルの送受信やownCloud上のファイルの共有設定等のインテグレーションを行うためのAPIである外部APIについて紹介します。

WebDAV

WebDAVとは、HTTP 1.1[*1]を拡張し、クライアントからWebサーバー（ここではownCloud）上のファイルやフォルダーを管理できるようにした仕様のことです。つまり、FTP等の転送プロトコルを使用せずにHTTPベースでクライアントからownCloudにファイ

[*1] 1997年1月にRFC 2068として初版が発表されたHTTPの仕様で、名前ベースのバーチャルホストがサポートされていることが特徴である。詳しくは以下リンクを参照
https://www.w3.org/Protocols/rfc2616/rfc2616.html

ルを送信したり、ownCloud 上のファイルやフォルダーの一覧を取得したり、ファイルのダウンロード・コピー・移動・削除のようなファイル操作が行えます。ownCloud では、PHP 製のオープンソースフレームワークである SabreDAV が実装されており、Basic 認証と組み合わせ、ownCloud のユーザー管理に従った WebDAV によるファイル操作を行うことが可能です。例えば、"owncloud.jp"で動作する ownCloud 上に配置された "thinkit.txt" を WebDAV で取得する場合、以下のようなコマンドでファイルの取得が可能です。なお、当該ファイルは "user" という ownCloud 上のユーザーが所有するファイルであることを前提とします。

```
$ curl -u user:pass -X GET "http://owncloud.jp/remote.php/webdav/thinkit.txt" > thinkit.txt
```

ファイルの取得の他に以下のファイル操作を行うことが可能です。

表 7.1 WebDAV のファイル操作

操作	WebDAV メソッド	URI	オプション
ファイルリスト／ファイル確認	PROFIND	/remote.php/webdav/<ディレクトリ名>	
ファイル取得	GET	/remote.php/webdav/<ファイルパス>	
ファイル送信	PUT	/remote.php/webdav/<ファイルパス>	
ファイル移動／ファイル名変更	MOVE	/remote.php/webdav/<ファイルパス>	Destination:/remote.php/webdav/<ファイルパス>
ファイルコピー	COPY	/remote.php/webdav/<ファイルパス>	Destination:/remote.php/webdav/<ファイルパス>
ファイル属性変更	PROPPATCH	/remote.php/webdav/<ファイルパス>	
ディレクトリ作成	MKCOL	/remote.php/webdav/<ディレクトリ名>	
ディレクトリ削除	DELETE	/remote.php/webdav/<ディレクトリ名>	

---

ownCloud コラム

ownCloud では WebDAV を実現するために PHP 製のオープンソースフレームワークである SabreDAV を利用しています。SabreDAV では、WebDAV の他にカレンダー情報を連携するための CalDAV や、電話帳情報を連携するための CardDAV をサポートしています。

ownCloud の 3rdParty 製のアプリケーションである、カレンダーや電話帳ではその CalDAV や CardDAV を利用することで外部アプリケーションとの API 提供を実現しています。

sabre/dav (http://sabre.io/)

Share API

　ownCloudの特徴として、ownCloud上のファイルやフォルダーをownCloudの内部ユーザーや外部の匿名ユーザーと共有する機能があります。ブラウザーにて共有の設定を利用することはもちろん可能ですが、共有ファイルの取得や設定・削除等をAPIにて利用することもできます。

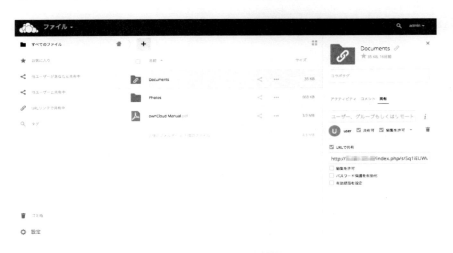

図 7.1　共有設定画面

　そのようなAPIをownCloudでは"OCS Share API"と呼称しており、外部API提供の他にownCloudのWebUIを実現するためのjQueryでも利用することで、無駄な再開発を防いでいます。OCS Share APIの種類と仕様を以下に紹介します。

7.3　内部APIについて

　本セクションでは、HooksやBackground Jobs等の実装レベルで呼び出し可能なAPIである内部APIについて紹介します。ownCloudでは、coreのフューチャーやカスタマイズアプリケーションを実装するために柔軟性のあるAPIが標準で実装されており、そのAPIを有効活用することで開発パフォーマンスを高めることが可能です。

表 7.2 OCS Share API の種類と仕様

動作	メソッド	URI	オプション
共有ファイルの取得	GET	/shares	
特定フォルダーの共有取得	GET	/shares/<ファイルパス>	
共有情報の取得	GET	/shares/<シェア ID>	
新規共有	POST	/shares/	path=<共有フォルダーパス> shareType=<共有の種類> shareWith=<共有先> publicUpload=true | false password=<閲覧パスワード> permission=<共有権限>
共有削除	DELETE	/shares/<シェア ID>	
共有の更新	PUT	/shares/<シェア ID>	permission=<共有権限> password=<閲覧パスワード> publicUpload=true | false

Hooks

ファイルが更新や削除された場合やユーザーやグループが作成される前後にロギングやクリーンアップ等で処理を差し込むといった実装を行う場合、対象処理の前後に直接実装を追記するのではなく、Hooks を利用します。ownCloud で設定可能で主に利用される Hooks の設定を以下に紹介します。

【セッション関連】

- preLogin (string $user, string $password)
- postLogin (\OC\User\User $user)
- logout ()

【ユーザー管理関連】

- preSetPassword (\OC\User\User $user, string $password, string $recoverPassword)
- postSetPassword (\OC\User\User $user, string $password, string $recoverPassword)
- preDelete (\OC\User\User $user)
- postDelete (\OC\User\User $user)
- preCreateUser (string $uid, string $password)
- postCreateUser (\OC\User\User $user, string $password)

【ユーザー管理関連】

- preSetPassword (\OC\User\User $user, string $password, string $recoverPassword)
- postSetPassword (\OC\User\User $user, string $password, string $recoverPassword)

7.3 内部 API について

- preDelete (\OC\User\User $user)
- postDelete (\OC\User\User $user)
- preCreateUser (string $uid, string $password)
- postCreateUser (\OC\User\User $user, string $password)

【ファイル管理関連】

- ppreWrite (\OCP\Files\Node $node)
- postWrite (\OCP\Files\Node $node)
- preCreate (\OCP\Files\Node $node)
- postCreate (\OCP\Files\Node $node)
- preDelete (\OCP\Files\Node $node)
- postDelete (\OCP\Files\Node $node)
- preTouch (\OCP\Files\Node $node, int $mtime)
- postTouch (\OCP\Files\Node $node)
- preCopy (\OCP\Files\Node $source, \OCP\Files\Node $target)
- postCopy (\OCP\Files\Node $source, \OCP\Files\Node $target)
- preRename (\OCP\Files\Node $source, \OCP\Files\Node $target)
- postRename (\OCP\Files\Node $source, \OCP\Files\Node $target)

ユーザー作成時にログ出力するサンプル

以下では、例としてユーザーの作成が行われた場合にその内容をログに出力するサンプルを第6章で作成したアプリケーションに実装します。

まず、/var/www/html/owncloud/apps/myapp/appinfo/app.php の最後尾に今回 Hooks の実装を行うインスタンスを宣言します。

```php
<?php
/**
 * ownCloud - myapp
(省略)
$container->registerService('UserHooks', function($c) {
    return new \OCA\MyApp\Hooks\UserHooks(
        $c->query('ServerContainer')->getUserManager(),
        $c->query('ServerContainer')->getLogger()
    );
});
$app->getContainer()->query('UserHooks')->register();
```

次に、/var/www/html/owncloud/apps/myapp/hooks/userhooks.php を作成し、ユーザー作成時にログ出力を行う処理を実装します。本実装サンプルでは Hooks と併せて LoggerAPI についても利用しているので、参考にしてください。

```php
<?php
namespace OCA\MyApp\Hooks;

class UserHooks {

    private $userManager;
    private $logger;

    public function __construct($userManager, $logger){
        $this->userManager = $userManager;
        $this->logger = $logger;
    }

    public function register() {
        $callback = function($user, $password) {
            $this->logger->info("Created user: {$user->getUID()}", array('app' => 'myapp'));
        };
        $this->userManager->listen('\OC\User', 'postCreateUser', $callback);
    }

}
```

以上の実装で、ユーザー管理画面からユーザーを作成する毎に owncloud.log に作成されたユーザーの UID が出力されます。

図 7.2　ユーザー管理画面

Background Jobs

エンタープライズなオンラインストレージシステムを運用する上で、バッチタスクによる処理が必要となるシーンはさまざまです。ownCloud ではそのようなバッチタスクを Background Jobs として、アプリケーションレイヤーで処理を登録することが可能です。

定期的にファイルのアーカイブや外部システムとの同期を行う等の処理を Background Jobs に登録することで、容易にバッチタスクを実装することが可能となります。

例として日次で実行される同期処理を Background Jobs に登録するサンプルを第 6 章で作成したアプリケーションに実装します。

まず、/var/www/html/owncloud/apps/myapp/appinfo/app.php の最後尾に今回 Hooks の実装を行うインスタンスを宣言します。

```
<?php
/**
 * ownCloud - myapp
(省略)
$server = \OC::$server;
$server->getJobList()->add(new \OCA\MyApp\Cron\SyncJob());
```

次に、/var/www/html/owncloud/apps/myapp/cron/syncjob.php を作成し、日次で SyncService を実行する処理を実装します。SyncService については、適宜内容に合わせて実装することで日次で SyncService が実行されます。

```
<?php
namespace OCA\MyApp\Cron;

use OC\BackgroundJob\TimedJob;
use OCA\MyApp\AppInfo\Application;

class SyncJob extends TimedJob {

    public function __construct() {
        // Run once a day
        $this->setInterval(24 * 60 * 60);
    }

    protected function run($argument) {
        $app = new Application();
        $container = $app->getContainer();
        $container->query('SyncService')->run();
    }
}
```

以上で、一部の外部 API および内部 API の利用方法について説明しました。ownCloud はオープンプロダクトです。ownCloud の core の機能を利用するシーンが必要な場合、core の実

装を修正することや、DB アクセスやファイル操作を独自の実装で行わず、まず ownCloud が標準で提供している API が利用可能かを確認してください。API を活用することで、新たな実装を行わず効率的に開発することが可能となります。

7.4　スタイルズのownCloudサポートサービス

　ownCloud は、オープンソースで拡張性が高く、柔軟に使うことができる一方で、トラブル発生時には全部自分で責任を負わなくてはいけません。ownCloud 公式代理店であるスタイルズとしては、バージョンアップや構築から障害時のテクニカルサポートを中心に、サポートをおこなっております。不明点があれば弊社スタイルズが運用している ownCloud 日本語公式サイトやユーザーフォーラムに訪問して貰えれば日本語で情報が入手できます。

- ownCloud 日本語公式サイト：https://owncloud.jp/
- ownCloud ユーザーフォーラム：https://owncloud.jp/forum/

　また、より充実したサポートを必要とするお客様へのサポートメニューも用意しています。お客様のご利用形態に応じてサポートメニューもご用意しておりますので、「オープンソースを利用するのは少し不安だ」というお客様にも安心して利用して貰えるように行っております。

第IV部

運用管理編

第8章 アップデート方法と注意点

　ownCloud は、常に進化し続けているアプリケーションです。バグフィックスやセキュリティ対策、新しい機能の追加なども頻繁に行われています。

　ownCloud のバージョン番号の付け方とサポートポリシーと EOL について説明します。ownCloud は、1 年に 1 回のメインバージョン番号のリリースと 4 ヶ月に 1 回メジャーバージョンがリリースされることを宣言しています。そして、それぞれのメジャーバージョンに対して、基本的に 18 ヶ月のセキュリティフィックスを宣言しています。

　メンテナンス、リリーススケジュール*1

　例えば、2015 年の ownCloud バージョン 8 を見てみましょう。2015 年は、8.0 が 2015 年 2 月 9 日にリリースされ、8.1 が 2015 年 7 月 7 日にリリースされ、8.2 が 2015 年 10 月 20 日にリリースされました。つまり、年に 3 回のメインバージョン番号＋小数点 1 桁のバージョンがリリースされます。

　2016 年にリリースされた、そして予定されている ownCloud は以下の通りです。

- ownCloud 9.0 が 2016 年 3 月 8 日にリリース
- ownCloud 9.1 が 2016 年 7 月 21 日にリリース
- ownCloud 9.2 が 2017 年 2 月 23 日にリリースされる見込みです (2016 年 10 月 5 日現在)

　このメインバージョン番号を x、メジャーバージョン番号を y とします。この x.y が年に 3 回リリースされます。

　そして、それぞれの「x.y」のバージョンに対して、セキュリティ対策やバグフィックスが提

---

*1　https://github.com/owncloud/core/wiki/Maintenance-and-Release-Schedule

第 8 章　アップデート方法と注意点

供されます。これは「x.y.z」のリリース番号でリリースされます。この時の 3 つ目の数字をセキュリティリリースとしています。セキュリティリリースがリリースされるタイミングは、上記の「x.y」がリリースされるタイミングが多いようです。

　上記のように、サポート EOL は 18 ヶ月ですので、基本的に 1 年に 1 回バージョンアップすることをお勧めします。

　1 年を越えてバージョンアップせずに使うことができますか？というお問い合わせを受けることがあります。この場合、「利用することはできますが、インターネットに公開される Web システムですのでお勧めできません。バージョンアップするという前提でご検討ください。」とお答えしています。

8.1　バージョンアップの注意点

　次にバージョンアップ時の注意点について解説します。バージョンアップは、複数のメジャーバージョン番号を飛び越えてバージョンアップすることができません。必ず、1 つ前のバージョンを経由することが求められます。

　つまり、8.0 の ownCloud を利用している方が、9.0 にバージョンアップする場合は以下のバージョンを経由する必要があります。

1. ownCloud 8.0 から ownCloud 8.0 の最新版にバージョンアップ
2. ownCloud 8.0 の最新版から、ownCloud 8.1 の最新版にバージョンアップ
3. ownCloud 8.1 の最新版から、ownCloud 8.2 の最新版にバージョンアップ
4. ownCloud 8.2 の最新版から、ownCloud 9.0 の最新版にバージョンアップ

になります。

　まどろっこしいと感じると思いますが、データベースのマイグレーションの関係でバージョンアップする場合は順番にアップデートする必要があります。もし、アップデートしようとしても、アプリから警告が表示されます。

8.2　バージョンアップの方法について

　ownCloud のバージョンアップには、以下の手順が必要です。

1. ownCloud のアプリをアップデート

これは、PHP のソースコードを更新する作業です。(OS 管理パッケージでインストールしている場合は、yum update や apt upgrade してください。tar.gz でも同様です)
2. ownCloud のデータベースをアップグレード
これは、ownCloud のデータベースの中身を新しいソースコードに適した形に変換する作業です (ブラウザー UI からのアップグレードボタンや、occ コマンドの occ upgrade を使用してください)。
3. プラグインのアップデート、アップグレード
インストールしているプラグイン (アプリ) についてもアップグレードが必要な場合があります。2 のデータベースをアップグレード時に公式アプリでないものは、一時的に無効に設定されます。その後、再度アプリを有効しなければアプリを利用できませんが、有効にするときにアップグレードが発生する事があります。

※「バージョンアップの注意点」に上げたバージョン番号を飛び越えないように注意してください。バージョン番号を飛び越えた ownCloud をインストールすると、ownCloud のデータベースをアップグレードしようとした時にエラーが発生します。

詳細には以下の様な手順でバージョンアップすると良いでしょう。

1. Web サーバーを停止
2. データベースをバックアップ
3. ownCloud アプリケーションをバックアップ
4. ユーザーファイルをバックアップ
5. ownCloud アプリケーションを更新
6. ownCloud のデータベースをアップグレード (あればプラグインも有効にしてアップグレード)
7. Web サーバーを開始

上記の作業の前に OS のアップデートパッケージを適用しておくのもお勧めです。

6 は、occ コマンドを利用するのが簡単でしょう。ブラウザー UI からアップグレードボタンを利用することもできますが、時間がかかるとリクエストタイムアウトすることがあり、ownCloud 社も occ コマンドを使用することを推奨しています。

occ コマンドは、以下の通りです。

第 8 章　アップデート方法と注意点

```
sudo -u <Web サーバー UID> /var/www/html/owncloud/occ upgrade
```

第9章 Microsoft Active Directoryとの連携

　ownCloudの導入を検討されている方で、すでにWindowsのファイルサーバーを導入済みかつActive Directoryでユーザーやグループを管理している、という環境は多いかと思います。
　ownCloudではLDAP連携機能によりActive Directoryと接続して、社内Windows端末にログインするためのID/パスワードをそのままownCloudで利用することが可能です。※OpenLDAP等のLDAPサーバーにも接続可能です。
　また、Active DirectoryのOU（Organizational Unit：組織単位）をownCloud上のグループ情報として反映できるため、セキュリティポリシーの整合性が確保でき、人事異動の際も最小限のフローで管理・運用できます。

9.1 アプリの有効化

　まず、owncloudのアプリ管理画面より「LDAP User and group backend」を追加して、アプリを有効にします。

図 9.1　アプリ追加

第 9 章　Microsoft Active Directory との連携

　無効なアプリから、「LDAP user and group backend」を探して、「有効にする」ボタンを押します。

図 9.2　有効化設定

9.2　LDAP 設定画面

　管理画面にもどります。管理画面で以下の LDAP 設定が有効になっていると思います。

図 9.3　LDAP 設定画面

　こちらが LDAP や Active Directory との連携用の設定画面です。

88

9.3　サーバー設定

ここでの画面のサンプルは owncloud.jp.local というドメインを例に設定していきます。

図 9.4　サーバー設定

　まず、一番左端の「サーバー」タブを選択し、「ホスト」の項目に Active Directory サーバーの IP またはホスト名、「ユーザー DN」に Active Directory サーバーへのログイン DN、「パスワード」の項目にはパスワードを入力してください。

　匿名アクセスの場合は、パスワードは未記入となります。最下部の項目には、ベース DN を設定してください。

　正しく接続された場合は、「設定 OK」と表示されますので、その隣の「続ける」ボタンをクリックしてください。

　クリックすると「ユーザー」タブへ移動します。

9.4 ユーザー設定

図 9.5 ユーザー設定

「ユーザー」タブは、ownCloud 上で表示される共有先ユーザーを制限するところです。共有ダイアログで主に使用されます。ownCloud にログインできるユーザーアカウントかどうかを制限する画面は、次の「ログイン属性」で設定します。ここではあくまで表示先として選択できるユーザーの一覧の設定です。

共有先として表示させたいオブジェクトクラスを指定するか、グループを選択することにより制限することができます。もしくは、「LDAP クエリの編集」項目でフィルタリングルールを入力してください。

また、「設定を検証し、ユーザーを数える」ボタンを押すと、現在の設定でのユーザー数を表示します。想定のユーザー数と合っているか確認してください。

問題なければ「続ける」ボタンをクリックしましょう。次のタブ「ログイン属性」に移動します。

9.5 ログイン属性

図 9.6　ログイン属性

「ログイン属性」タブは ownCloud のログインアカウントとして使用する属性とログインの可否を指定します。Windows へのログインと ownCloud へのログインするためのユーザー ID を統一するには上記のように設定してください。重要な点は、samaccountname=%uid というところです。これにより、Active Directory で設定されているログイン ID を ownCloud のユーザー ID として認識します。ログインアカウントとして認識されているか、「テスト用ログイン名」のところに登録済みの ID を指定して設定をチェックしてみてください。

「続ける」をクリックすると「グループ」画面に移動します。

第 9 章　Microsoft Active Directory との連携

9.6　グループ設定

図 9.7　グループ設定

　「グループ」タブでは、Active Directory で管理しているグループのフィルタリングが可能です。とりあえずは全グループの為に「オブジェクトクラスを選択」で「group」を選択します。次にその下に出ている左側にあるグループ一覧で必要なグループを選択して、右矢印を押すとそのグループを利用することができるようになります。

　次に右側に配置されている「詳細設定」タブを選択してください。「接続設定」「ディレクトリ設定」「特殊属性」のメニュー項目が表示されます。

9.7　詳細設定

　こちらの設定は基本的に設定する必要はありません。設定変更したい場合は、ownCloud のユーザーマニュアルの日本語訳を本書に掲載しましたので、そちらを参照してください。詳細設定には、接続設定、ディレクトリ設定、特殊属性の 3 つがあります。

9.7 詳細設定

接続設定

こちらが「接続設定」の画面です。

図 9.8　接続設定

テスト時に Active Directory サーバーに接続する場合は「SSL 証明書の確認を無効にする」のチェックを入れます。

ここでは、バックアップサーバーへの設定や、この設定自体の有効無効の切り替え、メインサーバーを無効にして強制的にバックアップサーバーに切り替えることが可能です。

次に「ディレクトリ設定」画面です

第 9 章　Microsoft Active Directory との連携

ディレクトリ設定

図 9.9　ディレクトリ設定

「ディレクトリ設定」では、Active Directory にグループがネストして入っている場合に「ネストされたグループ」にチェックをつけてください。MemberOf 属性が追加され、OU がネストされているグループ配下のユーザーについても検索されるようになります。

特殊属性設定

こちらの設定は基本的に設定する必要はありません。設定変更したい場合は、ownCloud のユーザーマニュアルの日本語訳を本書に掲載しましたので、そちらを参照してください。

次に「エキスパート設定」に移動します。

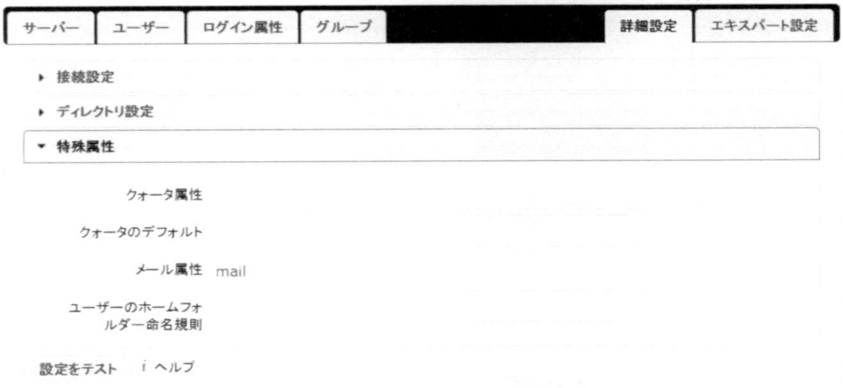

図 9.10　特殊属性設定

9.8　エキスパート設定

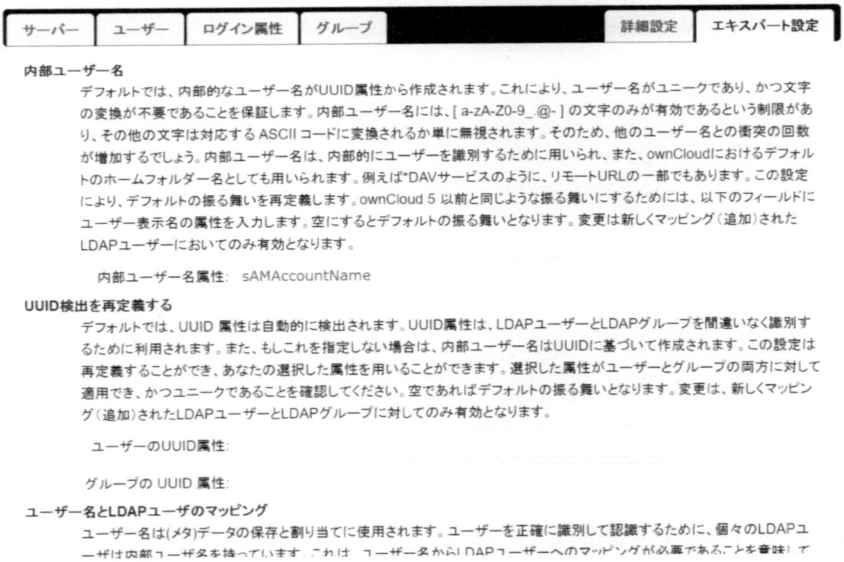

図 9.11　エキスパート設定

エキスパート設定では、Active Directory の場合、「内部ユーザー名属性」に「sAMAccountName」を指定しています。こちらを設定しないとユーザー管理画面にて名前

が Active Directory の UUID が表示されてしまいますのでご注意ください。

ユーザー管理画面を開くと以下の様に Active Directory から取得したユーザーが表示されます。

9.9 ユーザー管理画面

ユーザー管理画面です。グループを指定している場合は、ユーザー管理画面にグループも反映されます。

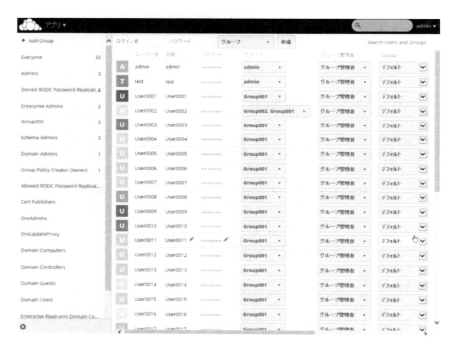

図 9.12　ユーザー管理画面

この時の Active Directory 側の画面は次のようになっています。

上記のように LDAP/Active Directory 連携の設定は、ownCloud の設定の中でも複雑で難しい設定の一つです。

付録 A で ownCloud の User Authentication with LDAP(バージョン 9) を日本語訳しました。参考にしてください。

9.9 ユーザー管理画面

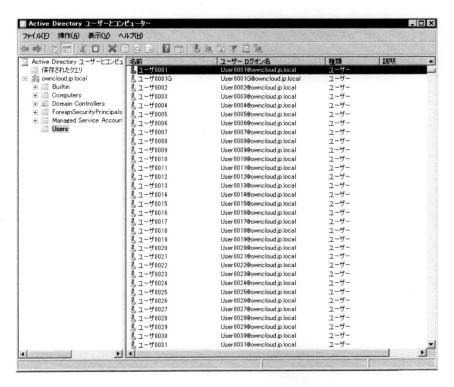

図 9.13 Active Directory 側管理画面

第10章 外部ストレージ接続

　ownCloud は、さまざまなクラウドストレージやオンプレミスのストレージと接続する機能があります。これにより実際は ownCloud サーバーではデータの領域が少ないのに、あたかも ownCloud 上で利用できる領域として見せることができます。この機能は、さまざまな応用が可能で、既存のファイルサーバーをインターネット経由で閲覧できたり、逆にクラウドストレージをデータのバックアップや保存先として利用することができます。ownCloud バージョン 9.0 では以下の様な接続先 (プロトコル) が利用できます。

- Amazon S3
- Dropbox
- FTP/FTPS
- Google Drive
- Local
- OpenStack Object Storage(Swift)
- ownCloud
- SFTP
- SMB/CIFS
- WebDAV

　残念ながら、マイクロソフトのクラウドストレージサービスである、Microsoft OneDrive には対応していません。

　外部ストレージ接続アプリを有効にするには、管理者権限のアカウントでログインし、owncloud のアプリ管理画面より「External storage support」アプリを有効にします。

第 10 章　外部ストレージ接続

図 10.1　外部ストレージ接続アプリ

ここでは、クラウドストレージである Amazon S3 への接続とファイルサーバーである Windows ファイルサーバーへの接続の 2 つについて解説したいと思います。

10.1　外部ストレージ接続での注意点

まず最初に、外部ストレージ接続を利用する場合の注意点を挙げておきます。

クオータを無制限にしていた場合

　ownCloud には、削除したファイルをいったんゴミ箱に保存しておくゴミ箱機能アプリと、ファイルの更新履歴を取っておくファイルバージョニング機能アプリがあります。また、画像などのサムネイルを作成するオプションがあります。これらを有効にして外部ストレージ接続すると、外部ストレージ側で削除したファイルや、修正した変更履歴ファイル、画像ファイルサムネイルファイルが外部ストレージではなく、ownCloud のローカルストレージに保存されてしまいます。

　これらのファイルは、ユーザーの容量を制限されている場合は、クオータオプションによりゴミ箱ファイル、履歴ファイルは自動的に削除されていきます。しかし、ユーザーのクオータを無制限にしていた場合には、クオータオプションによるゴミ箱ファイルの削除が効かないため、削除ファイルが 30 日間 (デフォルト) の間、残り続けます。「外部ストレージにファイルを保存してるから大丈夫」と思っていたら、ゴミ箱にいれたファイルがローカルストレージを圧迫してサーバーが停止してしまう。なんてことになりかねません。十分に注意してください。

ダウンロード時のレスポンス低下

　もう一つの注意点は、ファイルダウンロードのレスポンスが遅くなるということです。どういうことが起こるか説明しますと、外部ストレージからファイルをダウンロードする時には、ま

ず初めに外部ストレージから ownCloud サーバーにファイルがダウンロードされます。その次に ownCloud からブラウザー側へダウンロードが始まります。つまり、2 回分のダウンロード時間がかかります。ownCloud サーバー上にあるファイルシステムではそういうことは起こらないため、一見するとダウンロード時のスピードが大幅に遅くなったような感じになります。ownCloud サーバーの外側にファイルがあることによる弊害と言えるでしょう。

しかし、そのような 2 回のダウンロードが発生しないストリーミングダウンロードに対応しているプロトコルもあります。ストリーミングダウンロードとは、外部ストレージからダウンロードをしながら、ブラウザーにもダウンロードを開始する方式のことです。ownCloud 9.1 で対応しているストリーミングダウンロードのプロトコルは以下の通りです。

- SMB/CIFS
- FTP/SFTP
- WebDAV
- ownCloud Federated shares

これらのプロトコルは、ダウンロード時のレスポンスが他のものに比べて早くなります。現在未対応のプロトコルでも将来的なバージョンアップで対応される可能性があります。

10.2 Amazon S3 との接続

Amazon Simple Storage Service（Amazon S3）は、Amazon Web サービスの代表的なサービスの一つで容量無制限のデータ保存場所として利用されています。この S3 に利用するには、Amazon Web サービスの WebUI もしくは、S3 の API を利用する必要があります。ownCloud では、この S3 の API 経由での接続を外部ストレージアプリでサポートしています。

外部ストレージ接続アプリで接続できるオブジェクトストレージは、Amazon S3 以外でも S3 API の互換プロトコルを利用できるプロダクトであれば接続できます。S3 互換ストレージには、クラウドサービス以外のオンプレミス型のオブジェクトストレージもあります。弊社でも S3 接続は古くから検証しており、Qiita にも以下の様な記事を投稿しています。

- 【ownCloud】AmazonS3 連携 - Qiita[1]
- 無制限ストレージ with ownCloud and Amazon S3 - Qiita[2]

---

[1] http://qiita.com/ukitiyan/items/896c99b6ff0d24c82e45
[2] http://qiita.com/ukitiyan/items/481f380502a462a2af69

- 無制限ストレージ with 新しい ConoHa Object Storage and ownCloud - Qiita[*3]
- 日本語対応な無制限ストレージ with 新しい ConoHa Object Storage and ownCloud - Qiita[*4]
- 無制限ストレージ with Softlayer Object Storage and ownCloud - Qiita[*5]

Amazon S3 (API互換) オブジェクトストレージ

以下のような S3 API 互換オブジェクトストレージについて動作検証しています。

- Amazon S3
- Basho Riak CS
- CLOUDIAN HyperStore
- Fujitsu ETERNUS CD1000
- NetApp StorageGrid Webscale
- IIJ GIO ストレージ
- IDCF クラウド オブジェクトストレージ
- さくらのクラウド オブジェクトストレージ

OpenStack Swift API利用オブジェクトストレージ

その他のオブジェクトストレージでは、OpenStack SWIFT プロトコルに対応しており、以下のオブジェクトストレージで検証をしています。

- ConoHa オブジェクトストレージ
- SoftLayer オブジェクトストレージ

10.3　S3オブジェクトストレージへの接続設定

Amazon S3 を外部ストレージで接続してみましょう。

[*3] http://qiita.com/ukitiyan/items/aaa1a2f3fe6e820007c0
[*4] http://qiita.com/ukitiyan/items/5e65cbe6b1a14439bc9c
[*5] http://qiita.com/ukitiyan/items/e625974a04d3a6840c31

10.3 S3オブジェクトストレージへの接続設定

バケットの用意

まず、S3側でバケットを用意します。

Amazon Webサービス画面からS3のコンソールを開き、「Create bucket」をクリックします。そして、以下の情報を入力し、「Create」ボタンを押します。

図10.2　バケット作成

IAMユーザー作成

次に、IAMユーザーを作成し、権限を設定します。

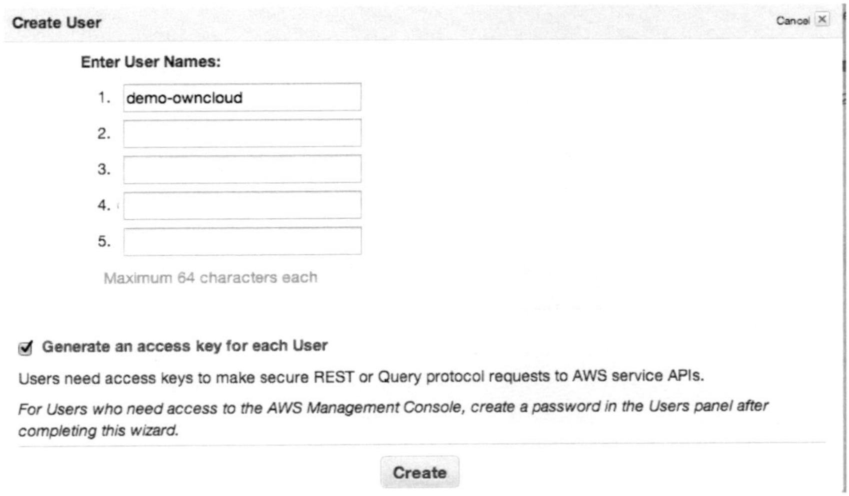

図10.3　IAMユーザー作成

第 10 章　外部ストレージ接続

この時に「Generate an access key for each User」にチェックを入れましょう。このバケット用の Access Key ID と Secret Access Key が発行されます。

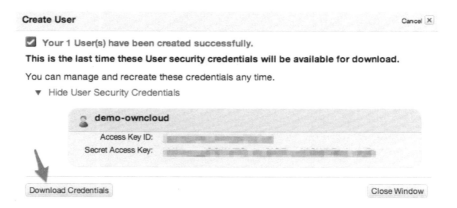

図 10.4　Credentials ダウンロード

上記の Access Key ID と Secret Access Key は「Download Credentials」からダウンロードするか、メモしておいてください。

Amazon S3 アクセス権限設定

Amazon S3 のアクセス権限を指定します。

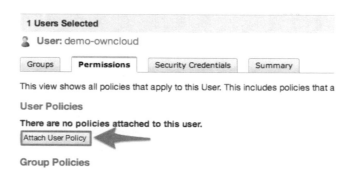

図 10.5　S3 アクセス権限設定

次にユーザーの Permissions タブの「Attach User Policy」をクリックし、アクセス権を定義します。「S3 full access」を選択してください。

10.3 S3 オブジェクトストレージへの接続設定

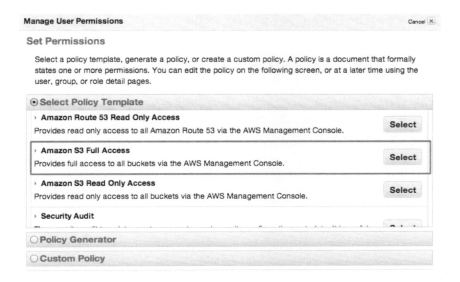

図 10.6　Amazon S3 フルアクセス設定

　ここでは S3 Full Access を選択してください。ownCloud から S3 にアクセスするときに Multipart Upload などを利用します。アクセスを制限するとスピードアップのために利用している機能が使えなくなる可能性があります。もし、制限したい場合は、特定の bucket のみアクセス許可にし、ownCloud サーバーのソース IP からのみ接続できるように制限しましょう。

　ownCloud の管理画面に移ります。「外部ストレージ」があらわれているはずです。

外部ストレージ接続設定

図 10.7　外部ストレージ接続画面

105

第 10 章　外部ストレージ接続

次に、外部ストレージの「ストレージを追加」のプルダウンメニューを選択して、「Amazon S3」を選択します。

図 10.8　Amazon S3 設定画面

上記の入力欄が現れます。

フォルダー名に ownCloud のユーザーから見られるフォルダー名を指定します。日本語での指定も可能です。バケット名に先ほど作成したバケット名を入力します。ホスト名は、Amazon S3 であれば特に必要ありませんが、S3 Endpoint を指定するか、S3 の VPC Endpoint を作成した場合はそちらを指定しても構いません。S3 以外の S3 互換オブジェクトストレージを利用する場合は、サービス提供者にお問い合わせください。ポートは、サービスに応じたポートを指定します。リージョンは、サービス提供者にお問い合わせください。Amazon S3 では特に必要ありません。「SSL を有効」のチェックボックスは、SSL を有効にする場合はチェックを入れてください。「パス形式を有効」のチェックボックスは、バケットの指定をホスト名で指定するのではなく、一番最初のディレクトリ名で指定する方法です。

ユーザー、グループ指定、オプション設定

最後にこのバケットが利用できるユーザーを、ユーザー単位か、グループ単位で指定します。指定がない場合は、すべてのユーザーが利用できます。

細かなオプションとしてグループ指定の右側に歯車アイコンがあり、これを押すと、この接続に関する詳細を設定できます。

「プレビューを有効に」にチェックを入れると、プレビューが有効になりローカルストレージにサムネイルファイルを作成します。

「共有の有効化」をチェックを入れると、このストレージに入っているファイルを共有対象と

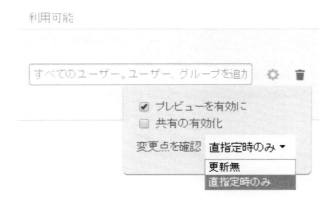

図 10.9　オプション設定

することができます。

「変更点を確認」は、ファイルがownCloud側ではなくストレージ側で変更があった場合にどのタイミングでファイルの更新を確認するかを指定します。

「更新なし」の場合、ストレージ側でファイルの変更があってもownCloud側は検知できません。

「直指定時のみ」の場合、ストレージ側でファイルの変更があった場合、ownCloud側でストレージに対するスキャンが走って、変更を検知することができます。

ストレージ側でファイルを変更した場合、ownCloud側でそれが反映されていない場合があります。これは、上記の問題によるものです。解消方法は、occコマンドラインでfiles:scanを実行することです。実行方法は、付録B occコマンド解説のfiles:scanを参照してください。

10.4　Windowsファイルサーバーへの接続設定

次は、Windowsファイルサーバーを、外部ストレージとして接続してみましょう。

ファイルサーバーで共有を作成

Windowsファイルサーバー側で、共有（領域）を作成します。

ここの例では、workspaceというフォルダーを共有し、共有のアクセス許可として、Everyoneに対して、フルコントロール権限を与えています（権限は実際の運用環境に合わせて適宜設定を行ってください）。

第 10 章　外部ストレージ接続

図 10.10　共有設定

SMB/CIFS 設定

Windows ファイルサーバーの共有の設定が完了したら、次は ownCloud 側の外部ストレージ接続の設定を行います。

図 10.11　SMB/CIFS 選択

外部ストレージの「ストレージを追加」のプルダウンメニューを選択して、「SMB/CIFS」を選択します。

10.4 Windows ファイルサーバーへの接続設定

図 10.12 SMB/CIFS 設定

上図の SMB/CIFS 接続用の入力欄が現れます。

「フォルダー名」に、ownCloud のユーザーから見えるフォルダー名を指定します。ここで指定したフォルダー名は、ユーザーログイン後のトップ画面に外部接続フォルダーとして表示されます。日本語での指定も可能です。「ホスト」に、Windows ファイルサーバーの IP アドレスを入力します。名前解決ができる環境であれば、ホスト名や FQDN でも構いません。「共有」は、先ほど Windows ファイルサーバーにて設定した共有名を入力します。

「リモートサブフォルダー」は、任意の入力項目です。Windows 共有フォルダーの配下のサブフォルダーを、共有の最上位フォルダーとして ownCloud 側で見せたい場合に使用します。

わかりにくい箇所ですので例をあげると、例えば、Windows ファイルサーバー側に、「共有名\A\B\C」という階層構造のフォルダーがあるとします。この場合、共有に「共有名」、リモートサブフォルダーに「A/B/C」と入力すると、ownCloud 上では、C のフォルダーが外部接続フォルダーの接続先フォルダーとして見えるようになります。

リモートサブフォルダーは、ユーザー毎に接続するフォルダーを分けて割り当てる場合にも有効です。設定方法については、リモートサブフォルダーの応用例の項目で説明します。

「ドメイン」は、任意の入力項目です。Active Directory や LDAP で設定しているドメイン名を入力します。

第 10 章　外部ストレージ接続

図 10.13　認証方式設定

認証方法には 2 種類の方式が存在します。

1. ユーザー名とパスワード：設定したユーザー名とパスワードを使用し接続します
2. ログイン認証情報は、セッションに保存されます。：ownCloud へログイン中のユーザーの資格情報を使用して接続します。

ユーザー名とパスワードによる認証

　認証方法に、「ユーザー名とパスワード」を選択した場合は、ユーザー名とパスワードの入力項目が表示されます。「ユーザー名」には、Windows ファイルサーバー上に存在するユーザー名を設定します。「パスワード」もユーザー名と同様に、ファイルサーバー上の資格情報に合わせて入力します。

　ここで設定した「ユーザー名」と「パスワード」を使用して、Windows ファイルサーバーへ接続を行います。

ログイン認証情報による認証

　認証方法に、「ログイン認証情報は、セッションに保存されます。」を選択した場合は、「ユーザー名」と「パスワード」の入力項目は出現しません。この場合、ownCloud へログイン中のユーザー情報（ユーザー名とパスワード）を使用して、Windows ファイルサーバーへアクセスします。このため ownCloud と Windows ファイルサーバー上での ID とパスワードが一致している必要があります（通常は Active Directory と連携して使用すると良いでしょう）。ownCloud

上にアカウントは存在するが、Windows ファイルサーバー上にはアカウントが存在しない場合や、資格情報が一致しない場合などは、Windows ファイルサーバーへ外部ストレージとして接続はできません。

図 10.14　接続確認

　設定が完了し自動で行われる接続テストに成功すると、左側のランプが緑色に変わります。赤色が点灯している場合は接続に失敗しています。ただし、「ログイン認証情報は、セッションに保存されます。」を選択した場合で、設定中の管理者ユーザーのアカウントが Windows サーバー上に存在しない場合は、他のアカウントで接続が可能な状態でも、その管理者アカウントでの接続は失敗していますので、赤色のランプが点灯します。

　最後にこの外部接続が利用できるユーザーを、ユーザー単位か、グループ単位で指定します。指定がない場合は、すべてのユーザーが利用可能です。

　グループ指定の右側の歯車アイコンから、この接続に関する詳細を設定できます。Amazon S3 接続の時と内容は同じですので、詳細については、Amazon S3 接続の項目をご覧ください。

> 注意：認証方式の注意点として、「ログイン認証情報は、セッションに保存されます。」を選択した場合は、外部接続したフォルダー内では、ownCloud の「共有」機能を利用することができないという仕様による制限があります。

リモートサブフォルダーの応用例

　リモートサブフォルダーには、ユーザー ID を展開する機能があります。ユーザー ID は、「$user」と指定することで展開が行われます。

第 10 章　外部ストレージ接続

リモートサブフォルダーに、「$user」と設定することで、ownCloud へログイン中のユーザーアカウント ID と名称が一致する、Windows ファイルサーバー側のサブフォルダーを、ユーザー専用のフォルダーとして設定することが可能です。

以下のように、Windows ファイルサーバー側の構造を作成します。

```
共有フォルダー（共有名）
  ｜－\user1（user1 の専用フォルダー）
  ｜－\user2（user2 の専用フォルダー）
  ｜－\user3（user3 の専用フォルダー）
  ｜－\user4（user4 の専用フォルダー）
```

図 10.15　ファイルサーバー側構造

ownCloud の外部ストレージ設定に戻ります。「共有」には、Windows ファイルサーバーにて共有を行った、共有名を入力します。「リモートサブフォルダー」には、$user と入力します。

図 10.16　$user 設定による指定

こうすることで、Windows 共有フォルダー配下にある各ユーザー用のサブフォルダーを、ownCloud のユーザー毎に割り当てることが可能です。

10.4 Windowsファイルサーバーへの接続設定

図10.17　共有フォルダー配下の接続

　アカウントID：user1でログインを行い、先ほど設定した「ユーザー毎のフォルダー」を確認します。Windowsファイルサーバー側の、「共有名\user1」がマウントできました。

Windowsファイルサーバーで変更した権限が反映されない時の対処法

外部ストレージ機能で接続しているフォルダーやファイルに対して、アクセス可能なユーザーを新たに追加したり、ユーザーの権限を変更した場合、その変更した内容がownCloud側へ反映されないことがあります。

症状の例として、「既存のユーザーに対して、新たにフォルダーへのアクセス権を与えたが、ownCloudから確認しても対象のフォルダーが表示されない」というような現象が発生します。

これは、Windowsファイルサーバー側でアクセス権限の追加や変更を行った際に、変更したファイルやフォルダーのタイムスタンプが更新されないため、ownCloud側で権限の変更を検知できないことが原因です。

回避策として、対象のフォルダーに任意のファイルを追加するか、既存のファイルなどを更新します。そうすることにより、上位フォルダーのタイムスタンプが更新され、結果としてownCloudが変更を検知することができるようになります。

113

第11章 運用ノウハウ

ownCloud は、ファイルサーバーとは違う「オンラインストレージ」という概念で作られています。その為、これまでのファイルサーバーの使い方やノウハウが通用しない部分が多くあります。また、ownCloud 自体の仕様によりできないことや制限もあります。ここでは、そういった考え方の違いやよく聞かれる制限について説明します。

11.1 権限管理について

ファイルサーバーとの権限付与の考え方の違い

ownCloud はオンラインストレージとして、作られていますのでファイルサーバーとは違う権限管理の考え方が必要です。例えば、通常のファイルサーバーの権限管理の仕方は以下のような形になると思います。

まず、図 11.1 のようにファイルサーバーにファイルやフォルダーが存在します。そして、そのファイルやフォルダーにユーザーやグループに対して読み取りや書き込み権限を許可するという形になります。これは、そもそも誰の物でもないファイルやフォルダーが誰かから利用できるように権限を与えるということになります。

しかし、オンラインストレージでは誰の物でもないファイルやフォルダーというものが存在せず、最初の状態から必ず誰かが保有しているものになります。

オンラインストレージでのファイルの権限は図 11.2 のような形になります。

これは、ファイルやフォルダーを誰かが所有していて、それを共有先の人にも権限を与えるということになります。

第 11 章　運用ノウハウ

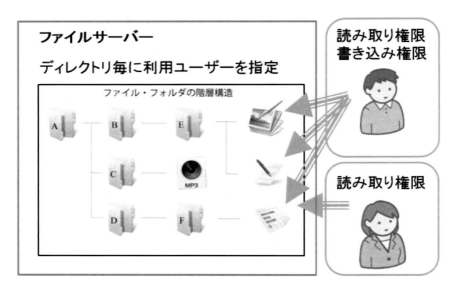

図 11.1　ファイルサーバーでの権限

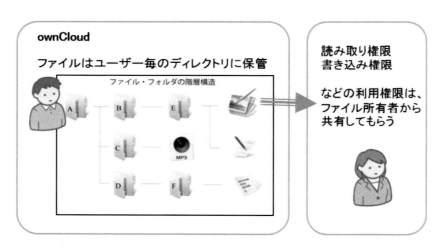

図 11.2　オンラインストレージでの権限

　ここで一つ問題が発生します。ファイル所有者が別のプロジェクトに移ってしまったらどうなるでしょうか？ファイル所有者が旧プロジェクトのファイルを削除すると、共有先のメンバーはファイルを参照できなくなってしまいます。現在もプロジェクトに残っているメンバーにファイルを渡してもいいですが、その場合、共有設定を再度設定しなければならなくなります。ここでファイルを誰かに渡さない場合、ファイル所有者は自分とは関係ないプロジェクトのファイルを

11.1 権限管理について

ずっと持ち続けなければならなくなってしまいます。

ダミーアカウントを作成して共有フォルダーをそこから共有

1のような問題が発生しないようにするにはどうすればいいでしょうか。対策としては以下のような方法をお勧めします。

グループのメンバーがファイルを持つのではなく、グループやプロジェクト専用のダミーアカウントを作成し、そのアカウントからグループやプロジェクトのメンバーに対して読み込み権限、書き込み権限を付与する方法です。

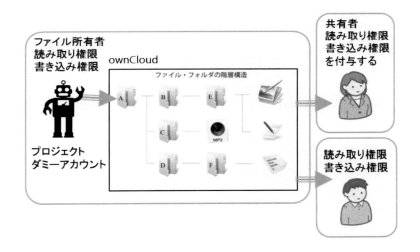

図 11.3　ダミーアカウントによる権限

この方法であれば、メンバーが入れ替わったとしても、グループやプロジェクトが存続している限りファイルが失われることがありません。

ユーザーは削除せずパスワードを変更

別の問題もあります。ユーザーが辞めてしまった場合にアカウントを削除したときにはどうなるでしょうか？ownCloudでは、アカウントの削除は直接ファイルの削除につながります。アカウントの削除は、そのアカウントが持っていたファイルの全削除と同義です。

そうなると、ユーザーの削除はリスクを伴います。というのも、上記のようにいつの間にか誰

117

かから共有されていて、使っている側が誰から共有されているか気にしていない場合にユーザーがいなくなったのでアカウントを削除すると使っている側から急にファイルが削除されてしまう、ということになりかねないからです。そのような問題を避けるために、ユーザーを削除するのは極力避ける、パスワードを変更する事をお勧めします。削除しなければならない場合は、次の項で説明するユーザーデータの occ files:transfer-ownership コマンドを使うようにします。

誰かが持っているすべてのファイルを移行

ownCloud 9.0 から、ユーザーのデータフォルダーを、一括で丸ごと移動することができるようになりました。occ files:transfer-ownership コマンドを使用することにより、対象ユーザーの所有しているデータを共有の状態も含めて、他のユーザーへ移動することが可能です。

対象ユーザーのデータを移動する

```
# sudo -u <WEB サーバーの実行 ID> php /var/www/html/owncloud/occ
files:transfer-ownership <SRC-USER> <DEST-USER>
```

- <WEB サーバーの実行 ID>：nginx、apache、www-data などサーバー環境に合わせて指定
- <SRC-USER>：削除予定のユーザー ID を指定
- <DEST-USER>：データ移動先のユーザー ID を指定

移動後のファイルは<DEST-USER>ユーザー領域の直下に、「transferred from <SRC-USER> on 移動日時」という形式のフォルダーとして配置されます。

フォルダーの途中の権限変更は不可

ownCloud はファイルサーバーと違い共有されたフォルダー配下にあるネストされたフォルダーに対する権限管理を細かく制御できません。例えば、あるフォルダーを共有したとして、その下にあるフォルダーを途中から書き込み権限を外したいと思ってもそういう設定はできません。当然、書き込み可能なグループと読み込み専用のグループを作り、それぞれのグループをフォルダーに対して権限設定するということは可能です。しかし、フォルダーの途中から権限を変えることはできません。ご注意ください。

11.2 ファイルシステム

テンポラリディレクトリに注意

ブラウザーからファイルをアップロードした時、アップロード途中の一時ファイルが、OS のテンポラリ領域/tmp に保存されます (デフォルト動作)。ファイルのアップロードが正常に完了すると、ユーザー領域の files ディレクトリ以下へファイルの実体は移動されますが、WEB サーバーとの通信が切断されるなど何らかの理由によりアップロードが途中で止まってしまった場合は、アップロード途中の一時ファイルがテンポラリ領域に残り続けます。/tmp 内のファイルは、サーバーの再起動で自動的に削除されますが、テンポラリ領域用にファイルシステムを分けていない場合、溜まりに溜まった一時ファイルがシステム領域を圧迫し、ルートファイルシステムが（/）がいつの間にか使用率 100% になっていた！ということも起きかねません。日頃から df コマンドなどでファイルシステムの利用状況をチェックしておくとよいでしょう。もしくは、owncloud/config/config.php ファイルに

```
'tempdirectory' = '',
```

という項目を追加して/tmp 以外に設定してください。

ゴミ箱ファイルの削除タイミング

owncloud/config/config.php の trashbin_retention_obligation の設定値により、ゴミ箱内に移動したファイルの削除に関する詳細な挙動を調整することが可能です。

下記の書式で設定します。

```
'trashbin_retention_obligation' => '最小日数, 最大日数',
```

最小日数は、ゴミ箱内のファイルが保持される日数です。最小日数の経過後に、ゴミ箱内のファイルが削除されるようになります。（必ず削除されるわけではありません）最大日数は、削除されることが保証される日数です。

例えばゴミ箱へ移動したファイルを、10 日以上保持させる場合には、次の書式で設定します。

```
'trashbin_retention_obligation' => '10, auto',
```

設定可能なパラメータには下記のものがあります。

'auto'

デフォルトの設定。30 日間ごみ箱内のファイルやフォルダーを保持します。

'D, auto'

D 日以上ごみ箱内のファイルやフォルダーを保持します。

'auto, D'

自動的に D 日より古いごみ箱内のすべてのファイルを削除します。

'D1, D2'

少なくとも D1 日間、ごみ箱内のフォルダーやファイルを保持し、D2 日を超えた場合に削除します。

'disabled'

ゴミ箱の自動削除を無効にします。クオータ容量（使用率）に影響することなく、ごみ箱内のファイルとフォルダーが保持されます。

※ただし、保存ファイルの容量が、各ユーザーに割り当てられたクオータ（現在使用可能な空き領域）の 50 ％以上の場合は、上記の設定に影響することなく（disabled を除き）ゴミ箱内のファイルは古い順に削除されるという制限があります。

また、ゴミ箱内のファイル削除処理が実行されるタイミングは、Background Jobs が実行されるタイミングとなります。Background Jobs を AJAX か Cron で動かしているかや、Cron.php の実行周期によって削除周期の間隔が決定されています。

履歴ファイルの過去ファイルの削除タイミング

owncloud/config/config.php の versions_retention_obligation の設定値により、過去ファイルの削除に関する詳細な挙動を調整することが可能です。

下記の書式で設定します。

```
'versions_retention_obligation' => '最小日数, 最大日数',
```

最小日数は、バージョンが保持される日数です。最小日数の経過後に、過去ファイルが削除されるようになります。（必ず削除されるわけではありません）最大日数は、削除されることが保証される日数です。

履歴ファイルの管理では、経過日数の他に、履歴ファイルの有効期限に関するルールがあります。「最初の 30 日間は日毎に 1 バージョンずつ保持する」など、ownCloud が内部的にもっている履歴管理ポリシーにより制御されています。

設定可能なパラメータには下記のものがあります。

'auto'

デフォルトの設定。古いバージョンファイルは、有効期限のルールに従い自動的に削除されます。

'D, auto'

D 日間は過去ファイルを保持する。D 日より古いすべての過去ファイルは、有効期限のルールに従い削除されます。

'auto, D'

D 日以上が経過したすべての過去ファイルは削除されます。日数を経過していない過去ファイルは、有効期限のルールに従い削除されます。

'D1, D2'

少なくとも D1 日間は過去ファイルを保持し、D2 日を超えた場合は削除します。

'disabled'

過去ファイルの自動削除を無効にします。クオータ容量（使用率）に影響することなく、過去ファイルが保持されます。

※ただし、履歴の容量が、各ユーザーに割り当てられたクオータ（現在使用可能な空き領域）の 50 ％以上の場合は、上記の設定に影響することなく（disabled を除き）履歴ファイルは古い順に削除されるという制限があります。

また、履歴ファイルの削除処理が実行されるタイミングは、ゴミ箱内のファイル削除と同様に、Background Jobs が実行されるタイミングとなります。Background Jobs を AJAX か Cron で動かしているかや、Cron.php の実行周期によって削除周期の間隔が決定されています。

11.3 WebDAV での ownCloud への接続

WebDAV 接続時の注意点

ownCloud 9.1 現在では、WebDAV の LOCK 機能は実装されていません。過去のバージョンでは、WebDAV LOCK 機能が一部実装されていましたが、ownCloud 8.1 にて、ロック機能の削除が行われました。これは、webdav のロックが、ownCloud の同期機能と競合し、同期機能を破壊してしまう可能性があるためであると、Github の issues にてやりとりが行われていました。この件が解決する見込みが立っていないため、ownCloud がすぐに WebDAV の LOCK 機能を実装する予定はないようです。

Github の参考 URL

New issue WebDAV-Filelocking does not work in Multi-User Environment - ReOPENED

第 11 章 運用ノウハウ

#10474 owncloud / core[*1]

WebDAV-Filelocking does not work in Multi-User Environment #12760 owncloud / core[*2]

[*1] https://github.com/owncloud/core/issues/10474
[*2] https://github.com/owncloud/core/issues/12760

付録A LDAP認証マニュアル（日本語訳）

A.1 User Authentication with LDAP

User Authentication with LDAP — ownCloud 9.0 Server Administration Manual 9.0 documentation[*1]からの翻訳

LDAPによるユーザー認証

注意：PHP LDAP モジュールが必要です。Debian/Ubuntu では、php5-ldap で、CentOS/RedHat/Fedora では、php-ldap パッケージです。ownCloud 8.1 以降では、PHP 5.6 以上のバージョンが必須です。

ownCloud では、LDAP(Active Directory を含む) のユーザーに対して利用を許可し、また LDAP に登録されたユーザーを ownCloud のユーザーとして見せて利用することができるようになっています。ownCloud 上で LDAP 認証できるので別途新しく ownCloud のユーザーアカウントを作ることなく、既存の LDAP のユーザーアカウントを使って、ownCloud にログインできます。ownCloud のグループや容量制限を他のユーザーアカウントと同様に利用できます。同じように共有設定ができます。

この LDAP アプリケーションは、次のことが可能です。

- LDAP のグループをサポート

[*1] https://doc.owncloud.org/server/9.0/admin_manual/configuration_user/user_auth_ldap.html

付録 A　LDAP 認証マニュアル（日本語訳）

- ownCloud のユーザー、グループを使用したファイル共有
- WebDAV 経由や、ownCloud デスクトップクライアントでの接続
- バージョン履歴、外部ストレージとその他すべての他の ownCloud の機能
- 追加の設定なしに、Active Directory へのシームレスな接続
- Active Directory でのプライマリグループをサポート
- ベース DN や、メールアドレス、LDAP サーバーのポート番号などの LDAP 属性の自動検知
- LDAP への読み込みのみの操作 (LDAP のユーザー編集や削除は未サポート)

注意：LDAP アプリは、外部リモート HTTP サーバーを使ったユーザーバックエンドアプリと互換性がありません。この 2 つは同時に使用できません。

設定方法について

まず、ownCloud のアプリページで LDAP user and group backend を有効にする必要があります。その後に管理画面で設定します。LDAP 設定パネルは、タブが 4 つあります。最初のタブ ("サーバー") を正しく設定しないと次の 3 つのタブへ切り替えることができません。正しく設定されるとグリーンのインジケーターがつきます。入力欄にカーソルを合わせるとツールチップがポップアップされます。

サーバータブ

サーバータブから始めましょう。サーバーが複数ある場合は複数設定することができます。LDAP のサーバーのホスト名を最小限指定する必要があります。サーバー接続に認証が必要な場合は、このタブで認証情報を入力してください。ownCloud は、サーバーのポート番号とベース DN を自動的に検出しようとします。ベース DN とポート番号は必須です。もし、ownCloud が自動的に検出できなければ、手動で指定してください。

サーバー設定:

一台もしくは、それ以上の LDAP サーバーを設定します。アクティブな設定を削除するには、ゴミ箱ボタンをクリックします。

ホスト:

LDAP サーバーのホスト名か IP アドレスを指定します。ldaps:// の URI でも指定可能です。

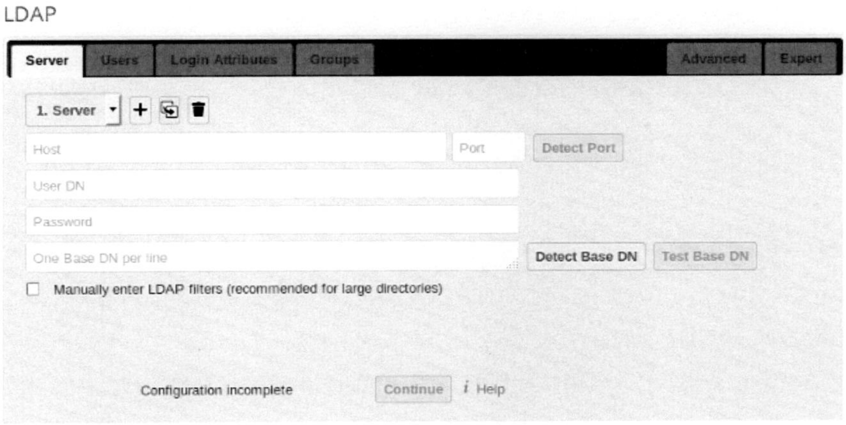

図 A.1　サーバー設定

ポート番号を入れれば、サーバー検出をスピードアップすることができます。例:

- directory.my-company.com
- ldaps://directory.my-company.com
- directory.my-company.com:9876

ポート:

LDAP サーバーへ接続するポート番号です。新しく設定を開始した時点では、この設定欄は未入力です。LDAP サーバーが標準ポートで動いている場合は、ポートを自動的に検出します。標準ではないポートを使っている場合は、ownCloud 別のポートを検出しようとします。検出に失敗した場合は、ポート番号を手動で設定してください。

例:

- 389

ユーザー DN:

LDAP ディレクトリ内を検索する権限のあるユーザーの DN 名です。匿名アクセスする場合は、空欄にしてください。検索のための特別な LDAP システムユーザーを準備することをお勧めします。

例:

付録 A　LDAP 認証マニュアル（日本語訳）

- uid=owncloudsystemuser,cn=sysusers,dc=my-company,dc=com

パスワード:

上記ユーザー用のパスワードです。匿名アクセスの場合は空欄にしてください。

ベース DN:

LDAP のベース DN で、ここを起点にすべてのユーザーとグループに到達できるものを指定します。複数のベース DN を 1 行に 1 つ入力できます。（ユーザーとグループのベース DN は詳細設定タブで設定します。）この欄は必須です。ownCloud では、入力されたユーザー DN または、ホストから提供されたものからベース DN を決定しようとします。自動的に検出できなかった場合は、手動で入力してください。

例：

- dc=my-company,dc=com

ユーザー

ここでは、LDAP ユーザーの誰が ownCloud のユーザーとして ownCloud 上にリストアップされるかどうかを設定します。LDAP ユーザーとしてログインできるユーザーを制御したい場合は、ログイン属性のログインフィルターを使ってください。LDAP ユーザーとしてアクセスできるが、リストアップさせないユーザー（そういうアカウントがあれば）は隠しユーザーとなります。もし、必要があればフォームの設定を飛ばして、生の LDAP フィルターを記載することもできます。

このオブジェクトクラスからのみ:

LDAP の利用可能で一般的なオブジェクトクラスを指定しようとします。ownCloud により、自動的にユーザーの一番多いオブジェクトクラスが選択されます。複数のオブジェクトクラスを指定することもできます。

これらのグループからのみ:

LDAP サーバーが member-of-overlay を LDAP フィルターでサポートしていれば、ownCloud 内のグループでリストアップするユーザーのみ指定することも可能です。デフォルトでは、何の

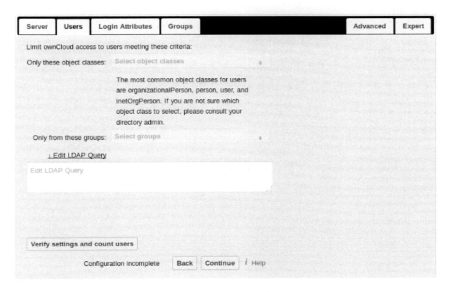

図 A.2 ユーザー設定

値も選択されていません。複数のグループを指定することができます。member-of-overlay フィルターをサポートしていない LDAP サーバーは、入力項目は無効になります。LDAP 管理者に問い合わせてください。

LDAP クエリの編集:

テキストをクリックすると、フィルターモードと LDAP クエリの直接編集を切り替えることができます。

例:

- (&(objectClass=inetOrgPerson)(memberOf=cn=ownclowdusers,ou=groups,dc=example,dc=com))

x ユーザー見つかりました:

この表示は、おおよそ何人のユーザーが ownCloud でリストアップされるかを表示するものです。この値は設定変更後、自動的に更新されます。

付録 A　LDAP 認証マニュアル（日本語訳）

ログイン属性

　ログイン属性のタブでは、どの LDAP ユーザーが ownCloud にログインできるか設定します。その為にどの属性をログイン名の属性 (例：LDAP/Active Directory ユーザー名、メールアドレス) としてマッチさせるのかを指定します。複数のユーザーの詳細を選択する事も可能です。(フォームでの指定を経由せず、LDAP フィルターを直接編集することもできます) 直接 LDAP フィルターを使うことによりログインフィルタータブの情報を上書きすることも可能です。

図 A.3　ログイン属性設定

LDAP/AD ユーザー名:

　ここをチェックすると LDAP ディレクトリのユーザー名とログイン ID が利用されます。通常、対応する属性として、uid または samaccountname が自動的に ownCloud により適用されます。

LDAP/Active Directory メールアドレス:

　ここをチェックすると LDAP ディレクトリのメールアドレスとログイン ID が利用できます。具体的には mailPrimaryAddress と mail 属性が使われます。

その他の属性:

　この複数選択で、その他の属性が利用できます。この選択リストは、LDAP サーバーのユー

ザー属性から自動的に生成されます。

LDAP クエリの編集:

テキストをクリックすると、フィルターモードと LDAP クエリの直接編集に切り替えることができます。%uid の変数がログイン時のログイン ID に変換されてフィルターとマッチします。

例:

- ユーザー名のみ:
  (&(objectClass=inetOrgPerson)(memberOf=cn=owncloudusers,ou=groups,dc=example,dc=com)(uid=%uid)
- ユーザー名とメールアドレス:
  ((&(objectClass=inetOrgPerson)(memberOf=cn=owncloudusers,ou=groups,dc=example,dc=com)(|(uid=%uid)(mail=%uid)))

グループフィルター

通常、ownCloud 上では、LDAP のグループは未設定です。グループフィルタータブでどのグループを ownCloud で利用したいか指定する必要があります。もしくは LDAP フィルターを直接編集することもできます。

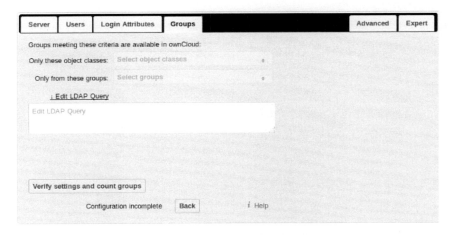

図 A.4　グループフィルター設定

このオブジェクトクラスからのみ:
　LDAP サーバーで一般的に利用可能なグループのオブジェクトクラスを ownCloud で指定します。少なくとも1つのグループオブジェクトを表示するオブジェクトクラスがリストアップされるはずです。複数のオブジェクトクラスを選択できます。通常は、"group"や"posixGroup"オブジェクトクラスです。

これらのグループからのみ:
　LDAP サーバーから利用可能なグループのリストが生成されます。それを選択して、ownCloud で利用できるグループを選択します。

LDAP クエリの編集:
　テキストをクリックすると、フィルターモードと LDAP クエリの直接編集を切り替えることができます。
　例:

- objectClass=group
- objectClass=posixGroup

グループ見つかりました:
　この表示は、おおよそいくつのグループが ownCloud でリストアップされるかを表示するものです。設定変更後に自動的に更新されます。

詳細設定

　LDAP 詳細設定は、稼働中の接続設定では変更は必須ではないオプション設定です。ここでは、現在の設定を無効にしたり、バックアップサーバーを設定したり、パフォーマンス的な拡張設定を制御します。
　詳細設定は、以下の3つの項目で構成されています:

- 接続設定
- ディレクトリ設定
- 特殊属性

接続設定

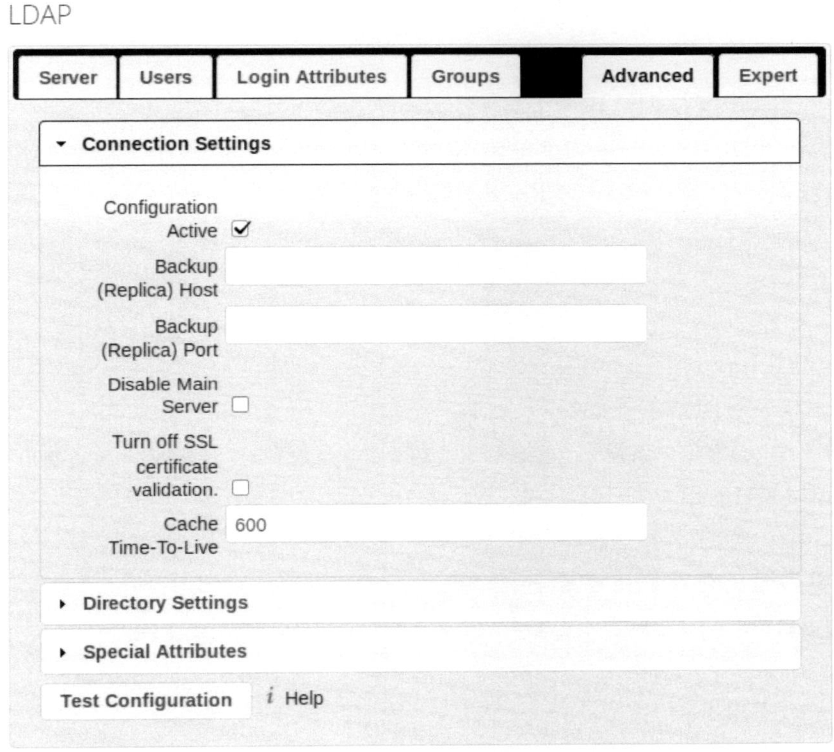

図 A.5　接続設定

設定は有効です:
　現在の設定を有効・無効を指定します。通常はオフになっています。ownCloudでテスト接続が成功したら自動的にオンになります。

バックアップ（レプリカ）ホスト:
　バックアップの LDAP サーバーがある場合は、こちらに設定します。メインサーバーが接続できないときに自動的にバックアップサーバーに接続します。バックアップサーバーはメインサーバーのレプリカである必要があり、オブジェクトの UUID が全く同じで無ければなりません。

付録 A　LDAP 認証マニュアル（日本語訳）

例：

- directory2.my-company.com

バックアップ（レプリカ）ポート：

バックアップ LDAP サーバーのポートを指定します。ポート番号の指定がなく、ホストの記載のみの場合は、メインサーバーのポートが利用されます。

例：

- 389

メインサーバーを無効にする：

メインサーバーの設定を手動で上書きして、バックアップサーバーにのみ接続することができます。計画停止時に有用です。

SSL 証明書の確認を無効にする。：

SSL 証明書のチェックを無効にします。テストでのみ使用してください。

キャッシュの TTL：

キャッシュは、不必要な LDAP トラフィックを避けるために導入されました。例えば、ユーザー名をキャッシュすることによりすべてのページで問い合わせすることなく、ユーザーページの読み込みスピードをアップします。設定を保存するとキャッシュをクリアします。この値は秒数で指定します。

注意：ほぼすべての PHP のリクエストが、LDAP サーバーへの新規接続を利用します。新規の PHP リクエストが必要な場合は、キャッシュを完全に保持しないのではなく最短時間でも 15 秒かそれ以上を定義することをお勧めします。

例：

- 10 分: 600
- 1 時間: 3600

キャッシュがどのように利用されるかの詳細な情報は、下記のキャッシュ項を見てください。

ディレクトリ設定

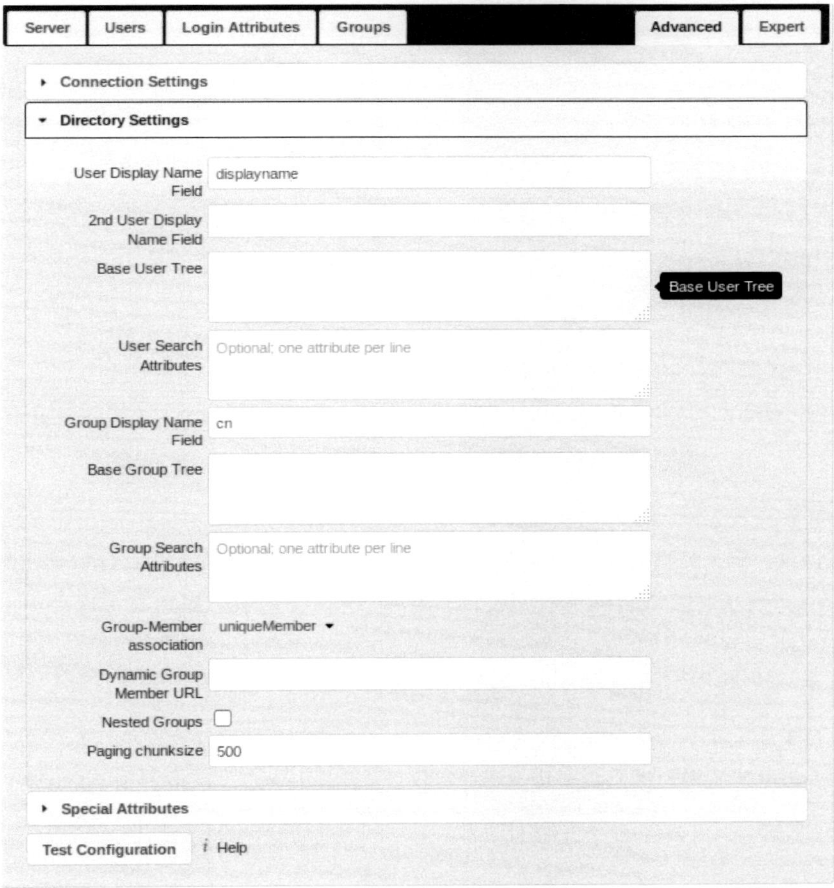

図 A.6　ディレクトリ設定

ユーザー表示名のフィールド:

この属性は ownCloud の表示名として利用されます。

例:

- displayName

付録 A　LDAP 認証マニュアル（日本語訳）

第 2 ユーザー表示名のフィールド:

ユーザー表示名の属性に追加してカッコ内に表示する属性をオプションで指定します。例えば、mail 属性を指定すると Molly Foo (molly@example.com) のようになります。

ベースユーザーツリー:

すべてのユーザーを検索できる LDAP のベース DN を指定します。基本設定のサーバー設定で指定したベース DN に関係無く完全な DN である必要があります。複数のベースツリーを 1 行 1 つ指定可能です。

例:

- cn=programmers,dc=my-company,dc=com
- cn=designers,dc=my-company,dc=com

ユーザー検索属性:

ここの属性は、例えば共有ダイアログで使用するユーザーを検索するときに利用します。デフォルトは、ユーザー表示名のフィールドを使用します。複数の属性を 1 行に 1 つ指定できます。

ユーザーオブジェクトで利用できない属性を指定した場合、そのユーザーはリストアップされず、ログインすることもできません。ここは、ユーザー表示名のフィールドにも影響します。デフォルトを上書きする場合は、ユーザー表示名のフィールドをここに指定してください。

例:

- displayName
- mail

グループ表示名のフィールド:

ownCloud のグループ名として利用される属性です。ownCloud 上で利用できる文字は、(a-zA-Z0-9,-_@) です。一度、グループ名が割り当てられたら変更はできません。

例:

- cn

ベースグループツリー:

すべてのグループを検索できる LDAP のベースグループ DN を指定します。基本設定のサーバー設定で指定したベース DN に関係無く完全な DN である必要があります。複数のベースツリーを 1 行に 1 つ指定可能です。

例:

- cn=barcelona,dc=my-company,dc=com
- cn=madrid,dc=my-company,dc=com

グループ検索属性:

この属性は、例えば共有ダイアログで使用するグループを検索する時に利用します。デフォルトは、グループ表示名のフィールドを使用します。複数の属性を 1 行に 1 つ指定できます。

デフォルトを上書きしたい場合は、同じように指定しない限り、グループ名の表示属性として扱われません。

例:

- cn
- description

グループへのメンバー配置:

この属性は、グループの所属メンバーを指定するのに利用されます。例えば LDAP のグループに属しているユーザーの属性に利用されます。

ownCloud で自動的にこの値は検出します。この値を変更するのは、本当に必要な理由があり、何をしているか理解しているときのみ変更してください。

例:

- uniquemember

特殊属性

クオータ属性:

ownCloud では、LDAP 属性のクオータを読み込んでユーザーのクオータ値を設定すること

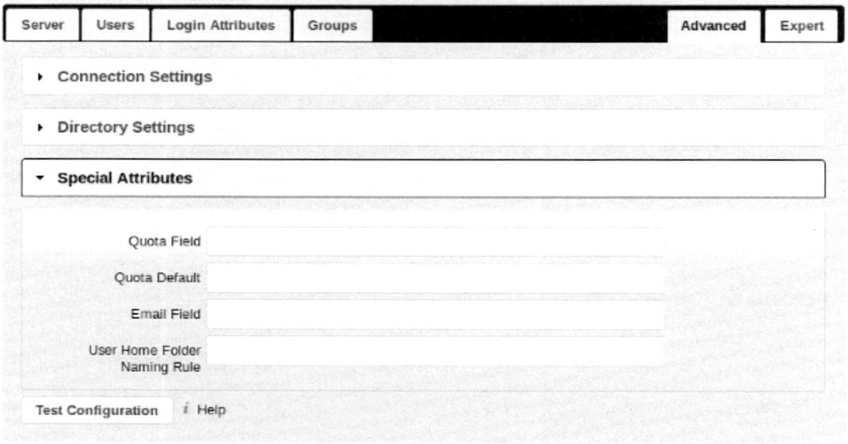

付録 A LDAP 認証マニュアル（日本語訳）

図 A.7 特殊属性設定

ができます。その属性をここで指定します。LDAP 側の値の指定の仕方は、人の可読可能な値を指定する必要があります。例えば、"2 GB" です。

例:

- ownCloudQuota

クオータデフォルト:

クオータ属性で値が設定されていない LDAP ユーザーのクオータのデフォルト値です。

例:

- 15 GB

メールフィールド:

LDAP から取得するユーザーのメール属性をしていします。通常の動作の場合は、空欄にしてください。

例:

- mail

ユーザーのホームフォルダー命名規則:

通常、ownCloud サーバーでは ownCloud のデータディレクトリにユーザーのディレクトリを作成します。そして、次のように ownCloud のユーザー名が使われます。例：/var/www/html/owncloud/data/alice これを変更して、LDAP の属性値で設定することもできます。その場合、その属性値は次のような絶対パスを返すようにしてください。例：/mnt/storage43/alice 通常は、デフォルトで空欄にしてください。

例:

- cn

最新の ownCloud(バージョン 8.0.10、8.1.5、8.2.0 以降) では、設定するとホームフォルダー命名規則が強制的に適用されます。つまり、ホームフォルダー命名規則を (LDAP の属性から取得するように) 設定すると、すべてのユーザーでそのフォームフォルダーのディレクトリが利用可能な状況になっていなければならないということを意味します。もし、ホームフォルダーを使えないユーザーがいたら、その人はログインできなくなってしまいます。また、そのファイルシステムがそのユーザーに利用可能な状態に設定されていないと、その他のユーザーに対する共有も利用できません。

古い ownCloud で LDAP の属性が設定していないとき、バージョンアップの後も ownCloud のユーザー名でのホームフォルダーを利用する方式の旧来の挙動を適用したいということもあるでしょう。その場合は、ownCloud 8.2 で以下の様なホームフォルダー命名規則を強制的に変更するコマンドを使用してください。例は、Ubuntu です。

```
sudo -u www-data php occ config:app:set user_ldap enforce_home_folder_naming_rule --value=1
```

エキスパート設定

エキスパート設定では、最も基盤部分の挙動を必要に応じて変更することになります。本番環境に適用する前に十分にテストすることが必要です。

内部ユーザー名:

ownCloud では、LDAP ユーザーを識別するために内部ユーザー名が利用されています。通常は、内部的なユーザー名は UUID 属性から生成されます。UUID 属性であれば、ユーザー名は一意である事が保証されていて、文字列を変換する必要がありません。内部ユーザー名は、[a-zA-Z0-9_.@-] の文字のみ許可されていて、そのほかの文字列は同等な ASCII 文字に置き換

付録 A　LDAP 認証マニュアル（日本語訳）

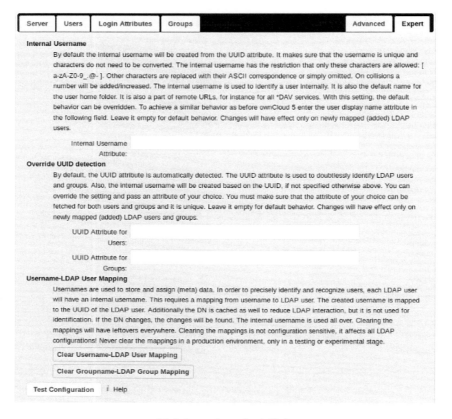

図 A.8　エキスパート設定

えられるか、省略されます。

　LDAP サーバーバックエンドには、重複した内部ユーザー名がないことが必要で、それは、ownCloud のローカルユーザーを含むその他の有効なユーザーバックエンドにおいて検証されます。もし、重複したユーザー ID が合った場合は、乱数を (1000 から 9999 の間で) 取得した値に追加します。例えば、"alice"が合った場合は、次のユーザー名は"alice_1337"のようになります。

　内部ユーザー名は、ownCloud では、ユーザーのデフォルトのホームディレクトリ名として利用されます。これは、また DAV サービスなどのリモート URL の一部としても利用されています。この内部ユーザー名の設定を上書きすることもできますが、通常の挙動では空欄にしてください。変更は、新しくマッピング (追加) された LDAP ユーザーにおいてのみ有効となります。

　例：

- uid

UUID 検出を再定義する

　通常は、UUID 属性は自動的に検出されます。UUID 属性は、LDAP ユーザーと LDAP グループを間違いなく識別するために利用されます。また、もしこれを指定しない場合は、内部ユーザー名は UUID に基づいて作成されます。

　この設定は再定義することができ、あなたの決めた属性を用いることができます。選択した属性はユーザーとグループの両方に対して適用でき、かつユニークであらねばなりません。空であればデフォルトの動作になります。変更後は、新しくマッピング（追加）された LDAP ユーザーと LDAP グループに対してのみ有効となります。またこれは、ユーザーやグループの DN を変更した場合にのみ影響し、新しいユーザーで古い UUID にキャッシュされた時にも有効です。これら理由により、この設定は ownCloud を本番環境に移行する前に適用し、紐付けのクリアを実施してください。(ユーザーグループマッピングの項を参照)

　例：

- cn

ユーザー名と LDAP ユーザーのマッピング

　ownCloud では、ユーザー名をデータの保持と連携の為のキーとして利用しています。正確にユーザーを識別するために、各 LDAP ユーザーに ownCloud で内部ユーザー名を割り当てます。これにより、ownCloud ユーザー名と LDAP ユーザーをマッピングする必要があります。ユーザー名は LDAP ユーザーの UUID にマッピングされます。また、LDAP の問い合わせを削減するために DN がキャッシュされますが、ログイン時には利用されません。DN が変更された場合は、その変更を UUID のチェックにより検出します。グループについても同様です。

　内部ユーザー名は ownCloud 上でさまざまな用途で利用されています。マッピングのクリアにより、そのデータとの紐付けが完全に失われます。本番環境においてはマッピングのクリアを実施せず、テスト環境や実験環境でのみテストしてください。マッピングのクリアは個別設定ではありません、すべての LDAP 設定に影響します！

Microsoft Active Directory

　以前の ownCloud のバージョンと違い、Active Directory で動かす為の特殊な設定は必要ありません。ownCloud により自動的に正しい設定が設定中に検出されます。

memberOf / MemberOf 権限の読み込み

memberOf をフィルター内で利用したい場合は、問い合わせアカウントにその利用権限を追加する必要があるかもしれません。マイクロソフト Active Directory については、以下に記載があります。

ldap - What permissions are required for enumerating users groups in Active Directory - Server Fault[*2]

ownCloud LDAP 内部動作

ユーザーとグループのマッピング

ownCloud では、データベース内のすべての情報を連携するのにグループ名とユーザー名が利用されています。信頼できる挙動を実現するために永続的に利用される内部ユーザー名とグループ名が作成され、LDAP DN と UUID に対してマッピングされます。DN が LDAP で変更されたとしても、変更による衝突は発生しません。

マッピングは、データベースの ldap_user_mapping テーブルと、ldap_group_mapping に記録されます。このユーザー名は、(ユーザーのホームフォルダー命名規則を設定している場合を除いて) ユーザーフォルダー名にも利用され、そこにファイルが入り、メタデータにも使われます。

ownCloud バージョン 5 以降、内部ユーザー名と表示名が分割されました。しかし、グループ名ではそうなっていません。その為グループ名は変更できません。このことにより LDAP 設定は本番環境に移行する前に正しく設定されている必要があります。マッピングテーブルにはすぐにデータが入りますが、テスト期間である場合にのみ空にすることができます。本番環境では空にしないようにするべきです。

キャッシュ

ownCloud のキャッシュは、バージョン 8.1 で変更されました。ファイルでのキャッシュはされなくなり、メモリーキャッシュのみになり、メモリーキャッシュサーバーをインストールし設定が必須になりました (メモリーキャッシュ設定参照)。

ownCloud のキャッシュによりユーザービリティが向上し、共有がスピードアップしています。キャッシュは、それぞれのリクエスト時にオンデマンドで保存され、キャッシュの有効期間

[*2] https://serverfault.com/questions/167371/what-permissions-are-required-for-enumerating-users-groups-in-active-directory/

まで有効です。ユーザーのログインについてはキャッシュされず、その為ログイン時のレスポンスを改善したい場合は、スレーブ LDAP サーバーを負荷軽減のために追加しましょう。

　キャッシュの有効期間の値は、LDAP のデータの鮮度とパフォーマンスの間のバランスで調整してください。デフォルトでは 10 分間、LDAP に対するリクエストをキャッシュします。キャッシュの有効期間を変更することも可能です。以前の問い合わせと同じで元のリクエストの有効期間である場合にのみ、LDAP サーバーに問い合わせることなくキャッシュから値が戻ります。

　キャッシュの有効期間は、それぞれのリクエストに 1 つ 1 つ紐付いています。キャッシュの期限が切れたとしても、新しいリクエストによる保存 (例えば、ユーザー管理画面を開いたり、共有ダイアログで検索) のようなきっかけがない限り、再度情報を自動的に取得することはありません。

　自動的に更新されるものがあるとすれば、ユーザーグループマッピングを更新するバックグラウンドジョブのトリガーが 1 つあります。これは常にキャッシュを更新します。通常の環境では、すべてのユーザー情報が一度に読み込まれることはありません。一般的には、ページ情報が生成されている間に、30 件ずつの上限に達するか、読み込む情報がなくなるまでユーザーの読み込みが発生します。ownCloud サーバーと LDAP サーバー間で動作させるためには、PHP が 5.4 以上で Paged Results がサポートされている必要があります。

　ownCloud では、ユーザーはそれぞれの LDAP 設定に紐付いています。つまり、ユーザーがいなくなるまで、それぞれのリクエストが直接 LDAP サーバーに問い合わせされます。例えば、サーバーが移行されたり、サーバーに接続できなくなる等があれば、別のサーバーへリクエストを送信します。

バックアップサーバーの取り扱い

　ownCloud からメインの LDAP サーバーに接続できなくなった場合、ownCloud はオフラインになったと推測して、キャッシュの有効期間まで再接続しないようにします。バックアップサーバーに接続するように ownCloud をセットアップしていれば、代わりにそちらに接続します。計画停止がある場合は、メインサーバーを無効にするにチェックを入れて不要な接続を避けましょう。

付録B　occコマンド解説

　ownCloudは、ほとんどの管理/運用に必要なことを管理画面から操作できますが、バッチ処理やスクリプトによる自動化する場合には、コマンドラインから操作することができます。/var/www/html/owncloud/occ というコマンドを利用することできます。

　運用でよく利用する主要なコマンドを解説します。

　以下のような事ができます。

- ownCloud インストールバージョンの確認
- ownCloud バージョンアップ時のアップグレード操作
- ユーザーの追加
- ユーザーのパスワードのリセット
- ownCloud の設定の変更
- ownCloud の設定の取得
- メンテナンス画面への移行
- ファイルのユーザー移動
- ファイルのクリーンアップ

　ownCloud の Version 9.0.4 では、サブコマンドも含めて 79 のコマンドがあります。

B.1　コマンドの実行方法

　コマンドの実行方法は、以下の通りです。

付録 B　occ コマンド解説

```
sudo -u <webserver user name> /var/www/html/owncloud/occ [オプション] [--] [<コマンド名
>]
```

<webserver user name>は、ownCloud を動かしているウェブサーバーの実行権限ユーザーのユーザー名を指定してください。ここでは以下 apache として記述します。

[オプション] には以下の様なオプションがあります。

```
Options:
      --xml                To output help as XML
      --format=FORMAT      The output format (txt, xml, json, or md) [default: "txt"]
      --raw                To output raw command help
  -h, --help               Display this help message
  -q, --quiet              Do not output any message
  -V, --version            Display this application version
      --ansi               Force ANSI output
      --no-ansi            Disable ANSI output
  -n, --no-interaction     Do not ask any interactive question
      --no-warnings        Skip global warnings, show command output only
  -v|vv|vvv, --verbose     Increase the verbosity of messages: 1 for normal output, 2
for more verbose output and 3 for debug
```

表 B.1　オプション解説

No.	オプション	説明
1	--xml	出力を XML 形式で出力します。
2	--format=FORMAT	出力を txt,xml,json,md 指定の形式で出力します。[デフォルト：txt]
3	-raw	出力を raw 形式で出力します。
4.	-h, --help	ヘルプを出力します。
5	-q, --quiet	実行結果を出力しません。
6	-V, --version	アプリケーションのバージョン表示
7	--ansi	出力をカラーで出力します。
8	--no-ansi	出力をモノクロで出力します。
9	-n, --no-interaction	対話型メッセージを出力しません。
10	--no-warnings	ワーニングを出力しません。
11	-v|vv|vvv, --verbose	コマンド実行結果の詳細レベルを変更します。

詳細なコマンド情報については、以下の ownCloud マニュアルを参照してください。
Using the occ Command — ownCloud 9.0 Server Administration Manual 9.0 documentation[*1]

help

occ コマンドの help を表示します。

指定の仕方は以下の通りです。

[*1] https://doc.owncloud.org/server/9.0/admin_manual/configuration_server/occ_command.html

```
sudo -u apache ./occ help list
```

list

occ コマンドリストを表示します。

指定の仕方は以下の通りです。

```
sudo -u apache ./occ status
```

status

owncloud のバージョン情報を出力します。

指定の仕方は以下の通りです。

```
sudo -u apache ./occ status
```

upgrade

owncloud のバージョンアップ時のアップグレード操作をします。ownCloud の新しいバージョンがインストールされている必要があります。

指定の仕方は以下の通りです。

```
sudo -u apache ./occ upgrade
```

app:disable

<app-id>で指定した ownCloud のアプリを無効にします。アプリのリストは、app:list 参照
指定の仕方は以下の通りです。

```
sudo -u apache ./occ app:disable <app-id>
```

app:enable

<app-id>で指定した ownCloud のアプリを有効にします。アプリのリストは、app:list 参照
指定の仕方は以下の通りです。

```
sudo -u apache ./occ app:enable [-g|--groups GROUPS] [--] <app-id>

<オプション>
-g, --groups=GROUPS
```

グループ指定で有効にします。複数指定可能です。

app:list

ownCloud のアプリリストを表示

指定の仕方は以下の通りです。

```
sudo -u apache ./occ app:list [options]
```

background:cron

ownCloud のバックグラウンドジョブの実行形式を cron に変更します。Ajax に戻す場合は、background:ajax を使用してください。

指定の仕方は以下の通りです。

```
sudo -u apache ./occ background:cron [options]
```

config:app:delete

アプリ設定の値を削除します。設定値の一覧は、config:list 参照

指定の仕方は以下の通りです。

```
sudo -u apache ./occ config:app:delete [options] [--] <app> <name>
```

config:app:get

アプリ設定の値を削除します。設定値の一覧は、config:list 参照

指定の仕方は以下の通りです。

```
sudo -u apache ./occ config:app:get [options] [--] <app> <name>
<オプション>
--output[=OUTPUT]
出力フォーマットを指定します。plain、json か json_pretty。デフォルトは plain
--default-value[=DEFAULT-VALUE]
デフォルト値を設定します。
```

config:app:set

アプリの設定値を設定します。設定値の一覧は、config:list 参照

指定の仕方は以下の通りです。

```
sudo -u apache ./occ config:app:set [options] [--] <app> <name>

<オプション>
--output[=OUTPUT]
出力フォーマットを指定します。plain、json か json_pretty。デフォルトは plain
--value=VALUE
値を指定します。
--update-only
値が入っていたときにのみ、値を更新します。値が入っていなかった場合は追加しません。
```

config:import

config:list で取得した設定をインポートします。

指定の仕方は以下の通りです。

```
sudo -u apache ./occ config:import [<file>]

ファイルは、json ファイルです。
```

config:list

設定をすべて、もしくは指定したアプリのみ出力します。app の指定を system にした場合、config.php の設定を取得します。all(もしくは未指定) の場合は、すべてのアプリの設定を取得します。

指定の仕方は以下の通りです。

```
sudo -u apache ./occ config:list [options] [--] [<app>]

<オプション>
--output[=OUTPUT]
出力フォーマットを指定します。plain、json か json_pretty。デフォルトは plain
--private
パスワードでソルトなどの設定を出力します。バックアップ用途にご利用ください。
```

config:system:delete

設定を削除します。複数の配列で指定可能です。

指定の仕方は以下の通りです。

```
sudo -u apache ./occ config:system:delete [options] [--] <name> (<name>)...

<オプション>
--output[=OUTPUT]
```

付録 B　occ コマンド解説

出力フォーマットを指定します。plain、json か json_pretty。デフォルトは plain
--error-if-not-exists
設定が存在しない場合にはエラーを返す。

config:system:get

指定の system 設定のみを取得します。複数の配列で指定可能です。

指定の仕方は以下の通りです。

```
sudo -u apache ./occ config:system:get [options] [--] <name> (<name>)...

<オプション>
--output[=OUTPUT]
出力フォーマットを指定します。plain、json か json_pretty。デフォルトは plain
--default-value[=DEFAULT-VALUE]
デフォルト値を設定します。
```

config:system:set

指定の system 設定のみを設定します。複数の配列で指定可能です。

指定の仕方は以下の通りです。

```
sudo -u apache ./occ config:system:set [options] [--] <name> (<name>)...

<オプション>
--output[=OUTPUT]
出力フォーマットを指定します。plain、json か json_pretty。デフォルトは plain。
--type=TYPE
値の種別を指定します。string,integer,double,boolean。デフォルトは string。
--value=VALUE
値を指定します。
--update-only
値が入っていたときにのみ、値を更新します。値が入っていなかった場合は追加しません。
```

files:cleanup

ファイルキャッシュを削除します。

指定の仕方は以下の通りです。

```
sudo -u apache ./occ files:cleanup
```

files:scan

ストレージ側に存在していて ownCloud の DB に登録されていないファイルのメタデータを

登録します。

指定の仕方は以下の通りです。

```
sudo -u apache ./occ files:scan [options] [--] [<user_id>]...

<引数>
user_id
再スキャンするユーザー ID を指定します。

<オプション>
--output[=OUTPUT]
出力フォーマットを指定します。plain、json か json_pretty。デフォルトは plain。
-p, --path=PATH
再スキャンするパスを指定します。この場合、user_id の指定と --all の指定は無視されます。
--all すべてのユーザーのファイルを再スキャンします。
```

files:transfer-ownership

削除するユーザーのファイルを別のユーザーに移行します。

指定の仕方は以下の通りです。

```
sudo -u apache ./occ files:transfer-ownership <source-user> <destination-user>

<引数>
source-user
削除されるユーザー
destination-user
移行先のユーザー
```

log:manage

ログ管理方法の指定します。ログの出力先、ログレベル、タイムゾーンを指定します。

指定の仕方は以下の通りです。

```
sudo -u apache ./occ log:manage [options]

<オプション>
--backend=BACKEND
ログ出力先を指定します。owncloud, syslog, errorlog。
--level=LEVEL
ログレベルを指定します。debug, info, warning, error。
--timezone=TIMEZONE
ログのタイムゾーンを指定します。日本は Asia/Tokyo です。
```

log:owncloud

log:manage で owncloud を指定したときにファイル出力設定を指定します。

指定の仕方は以下の通りです。

```
sudo -u apache ./occ log:manage [options]

<オプション>
--enable
設定有効にします。
--file=FILE
ファイルパスを指定します。
--rotate-size=ROTATE-SIZE
ログのローテートサイズを指定します。
```

maintenance:mode

ownCloud ログイン画面をメンテナンスモードに切り替えます。メンテナンスモードに切り替わるとメンテナンス中の表示になり、ログインできなくなります。

指定の仕方は以下の通りです。

```
sudo -u apache ./occ maintenance:mode [options]

<オプション>
--on
メンテナンスモードを有効にします。
--off
メンテナンスモードを無効にします。
```

maintenance:repair

ownCloud の設定情報等に不整合が起きたときにファイルアプリのキャッシュの削除やタグを削除して初期化します。※タグ設定、ストレージ設定が初期化されます。利用には注意してください。

指定の仕方は以下の通りです。

```
sudo -u apache ./occ maintenance:repair [options]

<オプション>
--include-expensive
操作の重い作業についてもコマンドで実行します。サーバーが一時停止状態になる可能性があります。
```

maintenance:singleuser

ownCloud をメンテナンスモードにしますが、ログイン画面は継続して出力されます。但し、ログインできるのは、管理者グループの ID のみです。

指定の仕方は以下の通りです。

```
sudo -u apache ./occ maintenance:singleuser [options]
```

trashbin:cleanup

ゴミ箱に入っているファイルを削除します。ユーザー ID を指定しない場合は、すべてのユーザーのゴミ箱ファイルが削除されます。

指定の仕方は以下の通りです。

```
sudo -u apache ./occ trashbin:cleanup [<user_id>]...

＜引数＞
user_id
削除したいゴミ箱ファイルの所有者 ID を指定します。
```

user:add

ユーザーアカウントを追加します。パスワード、表示名、グループ (複数指定) の指定が可能です。

指定の仕方は以下の通りです。

```
sudo -u apache ./occ user:add

＜引数＞
uid
ユーザー ID を指定します。「a-z, A-Z, 0-9, -, _, @」のみ使用できます。

＜オプション＞
--password-from-env
環境変数 OC_PASS からパスワードを取得します。
--display-name[=DISPLAY-NAME]
WebUI で表示する表示名を指定します。日本語の場合 UTF-8 で指定してください。
-g, --group[=GROUP]
グループを指定します。グループが存在しない場合は、新たに作成されます。

※ user:add で --password-from-env を指定したときに環境変数の OC_PASS を指定したパスワードの指定をした場合 sudo コマンドの使い方が若干変わります。
以下の様に指定してアカウントを作成します

export OC_PASS=testpass
su -s /bin/sh apache -c 'php ./occ user:add --password-from-env $userid'
```

user:delete

ユーザーアカウントを削除します。同時にユーザーアカウントが所有しているファイルも削除されます。削除されてはまずいファイルがある場合、files:transfer-ownership コマンドでファイ

```
sudo -u apache ./occ user:delete <uid>

＜引数＞
uid
削除するユーザー ID を指定します。
```

user:lastseen

指定したユーザーの最終ログイン日時を取得します。

指定の仕方は以下の通りです。

```
sudo -u apache ./occ user:lastseen <uid>

＜引数＞
uid
最終ログイン日時を取得したいユーザー ID を指定します。
```

user:report

ログインしたことのあるユーザー数を表示します。データベースに登録されているユーザーとユーザーディレクトリの数を表示します。

指定の仕方は以下の通りです。

```
sudo -u apache ./occ user:report
```

user:resetpassword

ユーザーのパスワードをリセットします。

指定の仕方は以下の通りです。

```
sudo -u apache ./occ user:resetpassword [options] [--] <user>

＜引数＞
user
パスワードをリセットしたいユーザーを指定します。

＜オプション＞
--password-from-env
環境変数 OC_PASS からパスワードを取得します。

※ user:resetpassword で --password-from-env を指定したときに環境変数 OC_PASS を指定したパスワードの指定をした場合 sudo コマンドの使い方が若干変わります。
```

以下の様に指定してアカウントを作成します

```
export OC_PASS=testpass
su -s /bin/sh apache -c 'php ./occ user:resetpassowrd  --password-from-env $userid'
```

versions:cleanup

　バージョン履歴ファイルを削除します。user_id を指定した場合は、指定したユーザーの履歴ファイルを削除します。指定しない場合はすべてのユーザーの履歴ファイルを削除します。

　指定の仕方は以下の通りです。

```
sudo -u apache ./occ versions:cleanup [<user_id>]...

＜引数＞
user_id
削除したい履歴ファイルの所有者を指定します。
```

trashbin:cleanup

　ゴミ箱に入っているファイルを削除します。ユーザー ID を指定しない場合は、すべてのユーザーのゴミ箱ファイルが削除されます。

　指定の仕方は以下の通りです。

```
sudo -u apache ./occ trashbin:cleanup [<user_id>]...

＜引数＞
user_id
削除したいゴミ箱ファイルの所有者 ID を指定します。
```

あとがき

　グーテンベルクの印刷革命により情報の流通は飛躍的にそして継続的に伸びてきました。今や、スマートフォンで気軽に高画像の写真が取れ、動画が残せる時代です。それらのデータは、クラウド上に、Disk ストレージに、メモリー上に、さまざまなところに保存されています。このデータは、その時代や生活の記録であったり、仕事に重要なものであったりすることでしょう。

　それと同時にデジタルデータは紛失しやすく、探すのが大変だったり、誰かに渡すことも重要になってきています。

　「データは自由になりたがる。」これを最初に言ったのは、初代 MIT のメディアラボ所長のニコラス・ネグロポンテだそうです。

　これまで、さまざまな自由を獲得してきたデータですが、自由にデータを移動したり誰かに渡したりするのは、まだまだ面倒だったり煩雑だったりします。

　そんな中で、「自由でセキュアなやりとりができ、データが飛び回れる世界」そんな世界が ownCloud により実現すればいいなと思います。その為の機能が、ownCloud の URL 共有であったり、外部ストレージ接続、クラウド連携機能です。

　データが自由に飛び回れることは重要です。演算は、自由にさまざまなプラットフォーム上で計算することができるようになってきています。しかし、演算にはデータが不可欠です。データのない演算は意味がありません。演算できる環境に対してデータを自由にそして気軽にやりとりできてこそ、本当の演算の自由を獲得したといえるでしょう。

あとがき

「中小企業の一人情報システム部の方々へ」

　オープンソースの活用は、日本の活力だと思っています。利用は無料です。しかし、さまざまなバグやセキュリティの脆弱性が入っている可能性があります。ownCloud の更新情報には常に気をつけて利用いただければと思います。

　この書籍で、みなさまが自由にそして安全にデータをやりとりができるようになることを願ってやみません。

株式会社スタイルズ一同

●著者紹介

株式会社スタイルズ
平成 15 年の設立以来、企業が円滑な事業を行うのに必要な IT インフラの構築や、システム開発・保守、モバイルアプリやソフトウェアの開発などを手掛けてきた SI 会社。APN テクノロジーパートナーをはじめ各種クラウドのパートナーとして、オープンソース配布、運用支援、構築、開発サービスを提供。

棚田 美寿希
株式会社スタイルズ
ownCloud を始めとするプロダクトの広報・マーケティングが主な業務。GAIQ 保有。企業間タイアッププロモーションを主に行う現場を経て現部門に着任。オウンドメディア、コンテンツマーケティングを目下勉強中。

矢野 哲朗
株式会社スタイルズ　ownCloud エバンジェリスト
ownCloud による安全で自由なファイルのやり取りができるように目指している。Version 4.0 から日々、地雷を踏んできた。これからのデータ時代に必要なソフトウェアと認識し、最新情報の収集や翻訳作業にいそしんでいる。最近、Jupyter Notebook に挑戦中。

高橋 裕樹
株式会社スタイルズ
ownCloud を始めとする OSS 関連の技術調査、啓蒙活動が主な業務。システム運用部門、システム開発部門での経験を経て現部門に着任。最近は IoT に手を出し始めている。

本書のご感想をぜひお寄せください
http://book.impress.co.jp/books/1116101066

アンケート回答者の中から、抽選で商品券（1万円分）や図書カード（1,000円分）などを毎月プレゼント。
当選は商品の発送をもって代えさせていただきます。

●本書の内容に関するご質問は、書名・ISBN・お名前・電話番号と、該当するページや具体的な質問内容、お使いの動作環境などを明記のうえ、インプレスカスタマーセンターまでメールまたは封書にてお問い合わせください。電話やFAX等でのご質問には対応しておりません。なお、本書の範囲を超える質問に関しましてはお答えできませんのでご了承ください。

●落丁・乱丁本はお手数ですがインプレスカスタマーセンターまでお送りください。送料弊社負担にてお取り替えさせていただきます。但し、古書店で購入されたものについてはお取り替えできません。

■読者の窓口
インプレスカスタマーセンター
〒101-0051 東京都千代田区神田神保町一丁目105番地
TEL 03-6837-5016 ／ FAX 03-6837-5023
info@impress.co.jp

■書店／販売店のご注文窓口
株式会社インプレス 受注センター
TEL 048-449-8040
FAX 048-449-8041

ownCloudセキュアストレージ構築ガイド（Think IT Books）

2016年11月11日 初版発行

著　者　株式会社スタイルズ
発行人　土田 米一
編集人　高橋 隆志
発行所　株式会社インプレス
　　　　〒101-0051 東京都千代田区神田神保町一丁目105番地
　　　　TEL 03-6837-4635（出版営業統括部）
　　　　ホームページ http://book.impress.co.jp/

本書は著作権法上の保護を受けています。本書の一部あるいは全部について（ソフトウェア及びプログラムを含む）、株式会社インプレスから文書による許諾を得ずに、いかなる方法においても無断で複写、複製することは禁じられています。

Copyright © 2016 Stylez Corp. All rights reserved.
印刷所　京葉流通倉庫株式会社
ISBN　978-4-295-00028-0　C3055
Printed in Japan